素粒子の宴

SYMPOSIUM
ON THE MICROCOSMOS

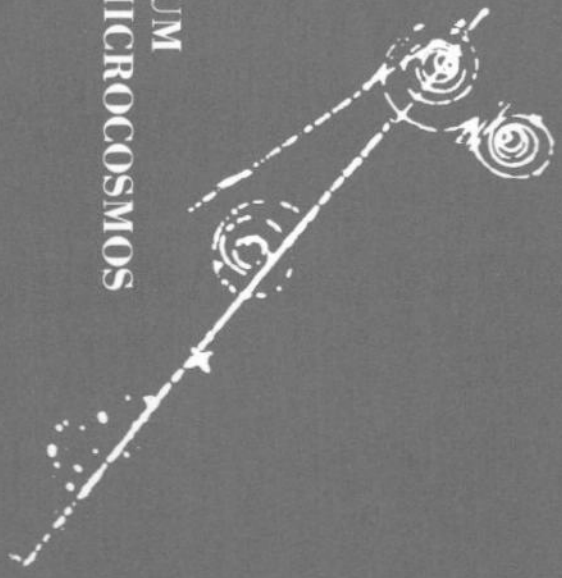

自然がそれほど単純ではないということです。
単純化しようとするのだが、自然はそれで
済むほど単純であってはくれない。

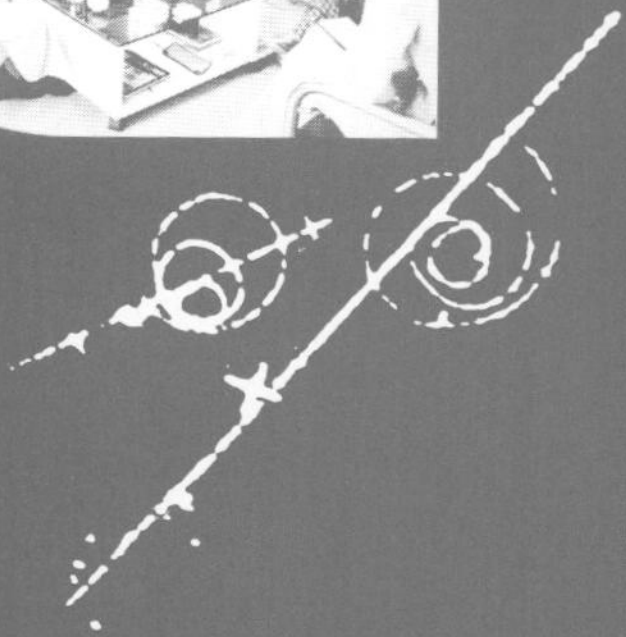

東洋には、完了することを志向して
認識を深めていったのでは駄目だ
という考え方がある。西洋では完了を目指す。

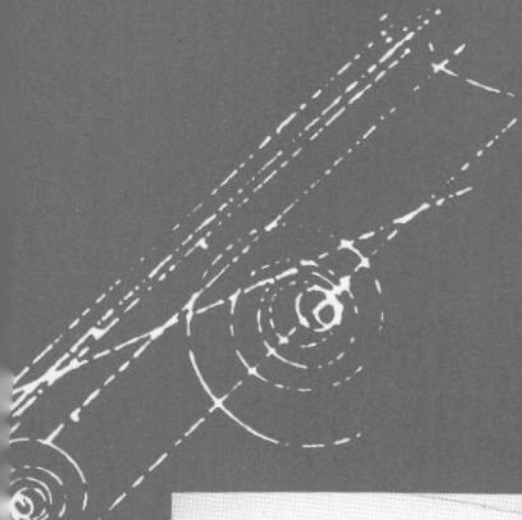

西欧科学では、原理から出発して
進んでいくという基本的な姿勢がある。
本当の矛盾にぶつからないかぎり、
原則を捨てるようなことは絶対にしない。

南部陽一郎 Yoichiro Nambu

一九二一年福井市生れ。東大卒業後草創期の大阪市立大に赴任。
五二年に渡米、プリンストン高等研究所を経てシカゴ大学教授となる。
ベーテ＝サルピーター＝南部方程式の導出、素粒子の
超伝導体模型の発案、クォークの「カラー」の前ぶれとなった
三重クォーク模型や、閉じ込め理論の先駆となったヒモ模型の提示等、
国際物理学界のスプリンターとして、つぎつぎに最先端のテーマに
挑戦、自在なアイディアを放出しつづけている。
日本の後進の指導にも熱心で帰日もしばしば。
七六年オッペンハイマー賞受賞、七八年に文化勲章受章。

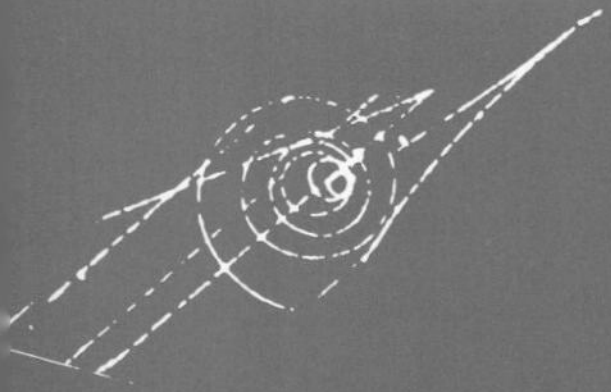

デヴィッド・ポリツァー David Politzer

一九四九年ニューヨーク生れ。ミシガン大学卒業後
ハーバード大学でシドニー・コールマンの指導によりクォーク論の
高エネルギー状態における矛盾を検討。現在QCD（量子色力学）の
基礎になっている「漸近的に自由な場の理論」を七三年に発表。
翌七四年に博士号修得。シカゴ大学客員教授を経て
七七年より「クォーク理論のメッカ」カリフォルニア工科大学准教授。
ゲルマンやファインマンとは「目と鼻の先」で研究を推進する。
ユトレヒト大学のヘト・ホーフトらとともに、
クォーク時代の旗手としては、最も若いグループに属している。

松岡正剛 Seigow Matsuoka

オブジェ・マガジン『遊』編集長。科学、芸術、哲学、宗教を横超する物質論から「場所」概念を撃つ。著書に『自然学曼陀羅』『存在から存在学へ』ほか。

十川治江 Harue Sogawa

〝科学的愉快〟をキイ・コンセプトに、工作舎で編集活動を推進。松岡との対話篇『科学的愉快をめぐって』において今様プラトンの動向を提示する。

通訳者——村田恵子・木幡和枝

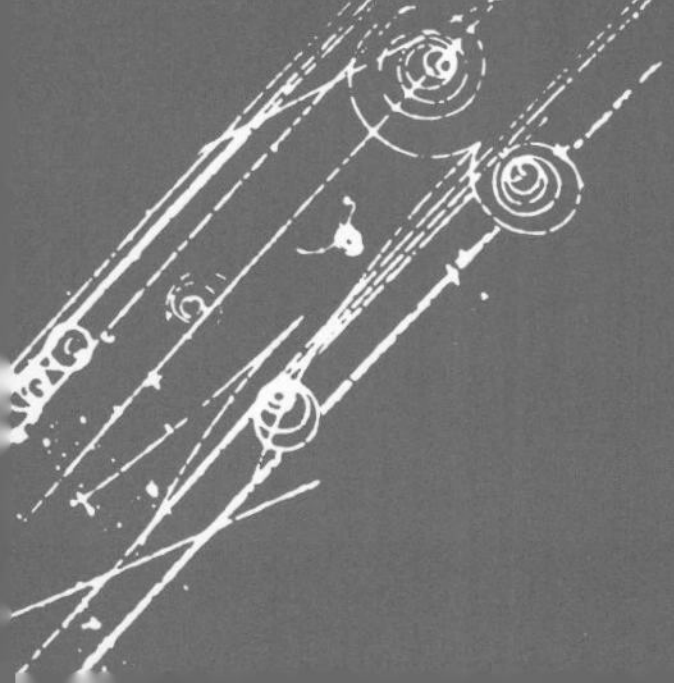

素粒子の宴

SYMPOSIUM ON THE MICROCOSMOS

目次

素粒子の宴

SYMPOSIUM ON THE MICROCOSMOS

南部陽一郎＋H・D・ポリツァー

1 現代クォーク理論の前線
――単純なパラドックスの不在が意味するもの

クォークを覗く「観測器」はない

十川　今回の高エネルギー物理学国際会議がどうだったか、というおふたりの評価をお聞きしたいと思います。それからクォーク理論について、日本では時たま科学雑誌に紹介される程度で、じかにその理論が密度濃く伝わってくるということがないので、そこをじっくりお伺いしたい。

クォーク理論によって物質観が果たしてどこまで変わったのか。何が初めて出てきた考え方であり、前からひきつがれたこだわりがあるとすれば何なのか、その辺りを検討していただけるとおもしろいと思うんです。

南部　ここは、ぜひ若い世代にいろいろ話してもらった方がいい。私は、ポリツァー君の発言

につけ加えて話すという役にまわりましょう。

十川　おふたりの独自の自然観なりを出していただければと思います。なかにはまだ解けない疑問や謎もあるでしょうが。

南部　まだ答の見つかっていない問題はいくらでもありますよ。

十川　そういうことを知らされる機会がひじょうに少ないんです。私たちには常に解答という形でしか伝播されてこない。むしろ「謎の共有」こそ必要だという気がします。

今回の会議ですが、クォーク観は一致を見たのでしょうか。実験データもそろって、理論的にも整理されたというところでしょうか。

ポリツァー　ええ、一致する方に向かっていますし、今までやってきた方向でいいんだという全体の確認はできています。クォークについて言えば、これは単なる対象物じゃない。おのおの特性を持ち、他のものとの関係においていろいろな力が働いている。その力が何であり、どのように作用しているかを実験によって明らかにしていくわけです。いくつものクォークのリストを作るのでなく、相互作用をこそ問題にしていく。

これはかなり劇的なことなんですが、今回の会議で報告された実験結果から、クォークはシンプルなものだということと、ごく初期に言われたように、クォーク間の力もシンプルな方程式で表わせることが明らかになりました。ワインバーグ－サラムのモデルが十年以上前に出さ

れたのですが、その後、クォークは恐ろしく複雑なものだということが言われてきた。ところが、最近の実験結果でやはりワインバーグ―サラムのシンプルなクォーク像の方が正しいことがわかってきたんです。

十川　クォーク理論以降の、物理学上の新しい発想、方法論、特徴的になってきたことなどについてお話しいただけませんか。その延長上のことですが、対称性がこのところクローズアップされていることについても。

ポリツァー　対称性の問題はむしろ古いですね。実在するけれども取り出すことができない基本的な要素もありうる、そういう考え方が出ています。これは存在の新しい概念です。クォークが永久に取り出せないとするなら、電子や陽子とまったく同じようには存在できないことになる。電子や陽子が通過すると「チリン！」と鳴る観測器を作ることはできても、クォークの観測器にはそれができないとされている。初めはこの新しい考え方にみんなひどく懐疑的でした。

南部　それが本当だとなると、ひじょうに革新的なことだと言える。

ポリツァー　一方で、これは言葉の問題なのかもしれません。クォークが取り出せないということは、「クォーク」の概念を使わなくても、同じ現象を違った方法で記述できるということなのかもしれない。

南部　そういう意味です、わたしが革新的と言ったのは。

ポリツァー　今のやり方が間違っているというより、同じ現象をより良く説明できるかもしれないということです。たとえて言えばヒモの両端みたいなもので、ヒモから取り出せないからといって、その端が基本的なエレメントであることについて大騒ぎはしないでしょう？　今のところ、クォークは、「カラー」と「フレーバー」で種別をしている。

南部　「フレーバー」は、「香り」と訳されていますが、これはむしろ fragrance に近い。

ポリツァー　その方が響きはいいですね。「フレーバー」に「アップ」や「ダウン」があるというのもおかしな話ですから。

南部　ゲルマンやグラショウ、ワインバーグをインタビューした記事が、最近、『科学朝日』に出ていましたね。グラショウの話の中に、「マオン」という亜《サブ》クォークが出てくるんだけれども、京都にいる友人が、あれはおかしい、「マオン」と呼ぶべきじゃない、と言っていました。毛《マオ》沢東は日本の坂田昌一から着想を得たはずで、事実、坂田が前に中国に行った時、毛沢東に会っている。毛沢東は坂田の考え方に感服してその影響を受けた。それでこの考え方が中国から出てきたんだとその友人は言っていました。

十川　クォークの種類がふえすぎたために、さらにまとめてみようという発想ですね。

ポリツァー　クォークは今のところ五種類です。五つ目のがいちばん新しくて、その特性についても細かく報告されているし、ふるまいも予想通りでとくに問題はない。まだ発見されて一年もたっていないんですが、「ボトム・クォーク」と呼ばれている。いずれ「トップ」が現われるだろうというところから、「ボトム」と名がついたんです。五は奇数ですから、必ず六番目が現われる。

ゲルマンのことですが、どういう名称がいいかを決めて、みんなにそれを使わせるという点では彼独特の押しの強さに負うところが大きい。威圧的になることさえありますよ。たとえば……彼と話していて何かの話題に触れるとしますね。ゲルマンはすかさず、「ああ、君の言っているのは何々のことだね」って、彼流の言い方に変えてしまう。しかも、現実にそれが使われるようになってしまうんだから！　われわれがいま「アップ」とか「ダウン」クォークと言っているのも彼のせいですよ。前はpクォーク、nクォークと言っていた。ゲルマン自身もそう言っていたのに……。pはプロトンのp、nはニュートロンのn、ということだった。ところが、これじゃまぎらわしいとゲルマンが決めたために、みんなも変えることになった。(笑)

シンプルな描像とパラドックス

ポリツァー　南部先生にお聞きしようと思っていたのですが、科学の歴史にはいくつものパラドックスがあって、またパラドックスがあるからこそ進歩が生まれ、エキサイティングでもあると思うんです。ところが、現段階の物理学にはそれが見えない。もちろん解決すべき問題はたくさんあるけれども、パラドックスと言えるものがない。つまり、「一方でこうであり、一方でこうでない。ということは、どのつまりどうなっているのか」、そういう単純なパラドックスがないとお思いになりませんか？

南部　同感です。そこのところが問題だとも言える。本当のパラドックスに直面すれば、そこから本当の進歩が始まる。

ポリツァー　プサイが初めて発見された時、まったく新しいものが出てきたとみんな期待していましたね。ところが実際には、一九七四年以降、それまでとそっくり同じことが繰り返された。第一弾の段階で、われわれの側の解明能力が足りなかったために、自然の側で第二弾、第三弾の物質像を用意してくれた。前のと類似した粒子、ある意味ではもっとシンプルな粒子を、です。でも本当は同じことの繰り返しにすぎなかった。

 At the moment, I don't see outstanding paradoxes.

南部　歴史を振り返ってみても、本当の意味のパラドックスは少ない。挙げるとすれば、せいぜい光速の問題、原子の安定性の問題……。

ポリツァー　原子の安定性、黒体の輻射……量子力学に関連するパラドックスは、むしろいくつもあるんじゃないですか。実験面でも、ストレンジネスにまつわる問題とか、解けないことがいろいろありましたね。

南部　あれはパラドックスというよりパズルだった。

ポリツァー　そうとも言えるけれど……いや、わかりませんよ。しかし、今日ではわれわれが何を研究すべきか、どんな方程式を解けばいいのか、どんな描像になるべきかというところでの一致点が出ていますね。理論としては何をすべきか、実験では何をすべきかがはっきりしている。その意味ではちょっと退屈だと言ってみたくもなりますが。(笑)

QCD(量子色力学)理論や強い相互作用に関するゲージ理論が出される前だって、クォークはシンプルなものだと考えることの問題、相対論的量子力学とクォーク理論との矛盾などがあった。わたしが大学院で物理をやっていた頃は、それまでの相対論や量子力学を根拠に、シンプルなクォーク像は間違いだと考えられていた。これはある意味で矛盾をはらんでいた――つまり、クォークはシンプルなものだといいながら、それまでの場の理論に従えば、高エネルギー状態ではひじょうに理論が複雑化してしまう。そういうことを私はシドニー・コールマンから

教わった。

南部　彼はどう言ってました？

ポリツァー　コールマンはひじょうによくわかっていて、自由な場の理論を援用してクォークを自由な粒子だととらえることに批判的でした。実際問題、クォークは自由な粒子ではなかった。相互に作用する粒子がそんなふるまいをしないことはわかっていたのだから、もともと矛盾があったんですね。

南部　すると、クォークの閉じ込め理論も同じ問題の延長線上にあるかもしれない。

ポリツァー　その通りです。ただ、見方はだいぶ変わってきました。閉じ込めがありえない、論理的にありえないと考える人はもうほとんどいません。現在、問題となっているのは方程式をどうやって解くか、その方法そのもので、多くの人は運動に関するQCDの方程式を問題にすればいいと思っている。QCDの方程式に閉じ込めの問題が含まれているのだから、あとは結果がどう出るかがわかればいいと思っている。

南部　そう、頭から閉じ込め理論を信じている人がほとんどです。でも私は、シンプルな閉じ込めの描像が描けなくて困っている。描けるのかもしれないが、ごく単純に言ってどういう像を描けばいいのかわからない。果たして必要なのかどうかも疑問だし、もしかしたら適切でないのかもしれない。計算を延々とやってみた結果ではなく、単純なある特性から閉じ込め理論

に信憑性があると認められればいいのだが……。

ポリツァー　いつも連想するのは、流体力学についてわれわれがいかに限られた知識しか持っていないか、ということです。たとえば、液体中の泡がどうしてできて、どういうことをするのかを言い表わすにしても……。

南部　でもその場合、まずどの方程式から始めたらいいのか、という基本的なところでの一致があるでしょう。こっちはむしろ、基本となるべき方程式は何だろうという段階です。もしQCDこそが正しい理論だとすれば、もう余計な心配はいらない。

ポリツァー　私としては、ようやくプログラムの全貌が見渡せるところまできた感じです。ちょっと退屈なのは、そのせいでしょうか。向う五年間くらいかけて、どんな実験をしたらいいのかが明確になっていますし、その結果、QCDの方程式が正しいかどうかが出てくるはずです。今まで批判的な検討がなされていないので、実験プランと実験のための機械ができたいま、理論がこれで正しいのかどうか調べよう、そういうところだと言える。それがわかって初めて、先ほどの流体力学と同じ地平に立てる——基本的な方程式はこれでいいとすれば、解くためにはどの近似値を使えばいいかわかると思うんです。

ブーツストラップ時代からクォーク時代へ

ポリツァー　クォーク理論は、ぼくが高エネルギー物理学を勉強しだしたごく短い期間に、その基本的なところは広く認められるまでになった。考え方そのものは間違っていないんだということです。たかだか十年にも満たない間にそれだけのことが起こったことになる。

南部　ポリツァー君はまさにクォーク世代なんですよ。私はなんと言っても前クォーク世代ですからね(笑)、クォーク理論の変遷を目のあたりにしてきた。

ポリツァー　クォークの考え方が出されたのは私が高校生だった頃です。

さっき言いたかったのは、本当の意味での意見の一致、ということです。つまり誰もがクォークについて話し、基本となるクォーク抜きには物質の成り立ちについて語ることができないような状況になってきた。最低限「アップ」「ダウン」「ストレンジ」「チャーム」「ボトム」の五種類のクォークが出そろったのは比較的最近ですから。

クォークにとっての暗黒時代というのはもちろんありました。友人のバートン・リヒターが、電子とは小さなハドロンであるということを言いましたね。これは初期の e^+ - e^- の実験の結果でしたが。そしてこのみっともない状況が二年ぐらい続いた……。CEAの結果が初めて出た

のもそのころです。

南部　その年代を言ってもらえますか。

ポリツァー　一九七三年から七四年にかけてです。

南部　七三年。あ、覚えてますよ。ポリツァー君が「漸近的自由」の考えを出した年ですね。

ポリツァー　そうです。今でもはっきり覚えているんですが、ケン・ジョンソンが、「おもしろいのは確かだけど、あれは間違いだよ」と言ったんです。あの時の実験は限定的なクォークーパートン像に対する大変な打撃だった。ひじょうにシンプルかつ決定的な実験で、その結果断面積がパートンの断面積のようではなく、むしろハドロンの断面積のように一定したものだ、と出たんです。あの頃はまだ結論を出したがらない人が多かったし、目で見ることも取り出すこともできないものに対してひじょうに懐疑的でもありました。いまでは当り前のことになっていますがね。

南部　そう、スケーリング則が出された六七年か六八年頃から、ゆっくりですが変わってきましたね。クォーク・モデルが本当に流行《はや》りだすまでは、クォークの考え方と正反対のチューの理論がまだ相当幅をきかせていました。そしてだんだんにクォークの方へと移行してきたわけです。時期で言うと、古い見方からクォーク・モデルへ変わったのは、だいたい一九七三年あたりと言ったらいいんでしょうかね。

ポリツァー　最終的には、チャームによるプサイの解釈がなされた時だと思います。クォーク理論が徐々に認められるようになったのは、カレント代数、スケーリングによるパートン解釈や光錐《ライトコーン》代数による解釈などの研究と平行していたからです。しかしその後、さっき言ったすばらしい実験がクォーク理論に大変な衝撃を与えた。

南部　一九七四年は本当の意味での転機でしたね。その後は、誰もクォーク理論に疑いを持たなくなった。

ポリツァー　そうですね。もうひとつ、「強い相互作用」の問題をシステム化するはずだった「レッジェ理論」がいったいどうなったのか、という大きな疑問もありました。いまはこの問題を取り沙汰する人はあまりいませんが、解決したからではなくて、これは「強い相互作用」のひじょうに複雑でむずかしい特性だから後まわしにしようというコンセンサスが出た。一時棚上げにするというかね。これと似た例で、化学が原子物理学から手を引いたのも、あまりにも問題が複雑で、よほどクリエイティヴで新しい方法をもってこないと解けないとわかったからです。レッジェ理論そのものはもはや物理学の中心的テーマではなくなってしまいました。電荷交換の実験をどう理解するかなどより、陽子をクォーク的観点から見るとどうなるかの方に興味が移行してきているんです。レッジェの電荷交換はそっとしておこうじゃないかと……。ですから焦点のおき方、興味の集まりどころが変わってきていることは事実です。

17 | 1974 was really a turning point.

いまはクォークを物質の構成要素として真剣に取りあげ、理論なり方程式なりがこれで正しいのかどうかの検討が進んでいます。さっきも言ったように、一致の方向に進んではいますが、意見の相違はもちろんあるし、どんどん議論をたたかわせなければいけない段階です。

偶然から発見された「漸近的自由」

南部　ひとつ伺いたいんですが、「漸近的自由」の考えに至ったのはどういういきさつからですか?

ポリツァー　まったくの偶然です。

南部　偶然?　でもわたしの理解しているところでは、周りの人があなたの研究についてあまり積極的でなかったのであなたがひとりで計算した結果、ゲージ場が漸近的に自由であることを発見したと聞いていますが。基本的には、そういうことですか?

ポリツァー　それに近いですね。このテーマ自体、わたしが勉強したハーバード大学やアメリカ北東部では研究されていなかったんです。それで初めは、真空の構造、もう少し専門的に言うと、ゲージ理論に関して、長波長のことを知るために繰り込み群の考えが適用できるのではないかと考えたんです。

南部　実世界での応用ということは頭にありましたか。つまり、ハドロンに……。

ポリツァー　いえ、ぜんぜん。いちばん初めは、「弱い相互作用」の方に興味がありまして、ヒッグス粒子が力学的であり得るかどうかを調べようと思ったんです。ゲージ理論での真空の役割を知りたかった。ところが出てきた答は、驚くなかれ、予想とまったく逆だった。偶然ではあったけれど、これはちょっとした発見だという直観がありましたね。

後になって知ったんですが、ヘト・ホーフトがすでに計算をやっていた。正しい計算だったし、会議でも発表していたんです。

南部　そうでしたね。どの会議でしたっけ？

ポリツァー　一九七二年のマルセイユ会議です。あの時は、ジマンチックもその話をしました。ある意味では、漸近的自由に関するジマンチックの論文を読んでいたんで、自分の発見の重大さがわかったんです。その論文というのは、基本的にはφ^4に関するもので、ふつうと結合定数の符号が反対のφ^4理論だった。つまり、可能性としてはもうそこにあったわけで、私自身の独創ではないんです。もっとも、ジマンチックの論文は、いつも理解や評価がむずかしいものが多いんですが。

南部　ジマンチックは、ヘト・ホーフトの理論にしたがって話したんですか？

ポリツァー　いえ、φ^4についてです。あくまで推論ではあるが、将来の高エネルギー物理学にと

って意義があるかもしれない、ということだった。ところが、彼独特の難解な話しぶりのおかげで、誰ひとり何のことやら理解できなかったんです。ヘト・ホーフトはもちろん理解して、話の終わった後で立ち上り、「私はゲージ理論について同様の量を計算したが、答はφ^4と同じく負になった」と言ったんです。が、そこにいた専門家たちは、ひとり残らずジマンチックの話にただぼう然として、何のことやらわからなかった、というわけです。その後、このことはずっと忘れられてしまったんですね。

南部　ひとつ疑問なのは、いったいジマンチックやヘト・ホーフトは自分たちのやっていることの意義を承知していたかということだけれども……。

ポリツァー　少なくとも「すごいことをやってる」という宣伝はしていませんでしたね。彼らがその意義をどの程度理解していたかという、内容的な問題だとは思いますが。

「発見」が認められるまで

南部　ポリツァー君の場合、ベータ関数が負になることを発見して、すぐにそれをスケーリングの問題、つまり漸近的自由に結びつけたわけですか？

ポリツァー　そうです。これはわたしが大学院のときにやっていた、弱い相互作用の問題ではな

く、強い相互作用、クォーク、陽子、スケーリングなどに関することだと理解したんです。けれどもその後は、じっくり腰を落ちつけて、この分野ですでに解明されていることを勉強しなくちゃならなかった。ハーバードではぜんぜん教えていなかったんです。ですからスケーリングについて、それからかなり慌てて勉強しました。クィッグ、ハスラッヒャー、ミューラーたちのスケーリングと摂動理論に関する論文もありましたし。ただ地元に専門家がいなかった。

南部　でも、シドニー・コールマンみたいに博識な人がいるじゃないですか。

ポリツァー　たしかに彼は博識ですけど……。ただあの人は何がおもしろくて何が重要かっていうことについて独特の見方をするんです。だから当時、特別に支持してくれたとか熱意を示したとかいうことはありませんね。私の方からはいつも、これは重要だって言い続けていて、コールマンも一応の興味は示していたんですけれど……。

南部　私自身も振り返ってみると、「自発的破れ」の研究をしていた時には、まわりに誰も励ましてくれる人はいませんでしたね。正確さ、厳密さばかりを追求して、いつも批判している人がけっこう多いんです。それで自分としてもこれ以上つっ込んでいっていいのかどうかわからなかった。もしかしたらやり方が不十分で速度も遅すぎたのかもしれない。一般的なゴールドストーン理論についてもそうでした。ともかく論文を書こうというつもりはあったんだが、いつ、どういう形で出すかについては自信がなかったんです。ただ、それほど緊急なものとい

う意識はなかったので、じっくり考えてキチンとした形にしてから論文にまとめようと思ったわけです。

ポリツァー　ゲルマンとレヴィが登場したのは、先生の論文のどのくらいあとでしたか?

南部　はっきりはわかりません。形の上ではともかく、私はあまり関連づけて考えませんでした。それに、ゲルマンの言っていたことも長い間理解できなかったんです。私の理論とのいちばん基本的な違いというのは、核子の質量が自発的に生じるかどうかというところにあった。その点についてはゲルマンと話していて、彼がどうやら大きな核子の質量と自発的破れを結びつけていないらしいことがわかったんです。もちろんその後ゲルマンがオークス、レンナーとの論文を出した時には、彼の認識も改まっていましたがね。あの論文に関しては、私自身そうなるはずだと思っていましたから、大して重要視しなかった。何も目新しいことはなかったわけです。

2
反対称に憧れる自然
——空腹な牛はどっちの草を食べるか

固体物理学から発した対称性の問題

ポリツァー　このあたりの話は、自然の中の対称性に関する基本的な概念と関わってきますね。今日の物理学の基本になっている考え方や道具に対称性がどう生かされているか、という問題……これについては、南部先生に話してもらいましょう。

十川　対称性というのは、物理に限らず、人間の歴史にとってもずっと考え方の基本になってきましたが、それが現代科学の最先端で使われているというのがひじょうにおもしろいですね。つまり対称性と相似律というのが、人間が自然を論理化したり理解しようとしたりする時に必ず使われてきたという気がするんです。もちろんほかにもいろんな方法はあるけれども、いちばん集中した形で現われている。古くは古代の左右対称の図形に始まり、それから変換という

概念が入ってきた。繰り返し、繰り返し出てきている問題じゃないかと思うんです。

南部　そうですね。

十川　ええ、それも洋の東西を問わずに追求されてきた……。

南部　私の体験で言いますと、「自発的破れ」の考えに達したとき、即座に固体物理学の分野でいくつも例があることに気がつきました。たとえば「ヤーン・テラー効果」というのがありましてね、これは複雑な構造をもった分子が完全対称を壊すと、エネルギーで得をするために非対称的な形をとる、ということです。そういうことがあるのを学んで、とてもおもしろかった。

そして次に、ボゾンを分類して、固体物理学の分野でのいろいろな現象のリストを作ろうと思ったんです。音波とかスピン波なんかのね。それで固体物理をやっている同僚に話をもちかけてみたんだが、おもしろがってはくれるけれどもうひとつ乗ってこない……。

ポリツァー　同じ現象なんだということが見えていなかったんじゃないですか。

南部　そう、同一性が見えない……。

ポリツァー　そこのところは、物理のなかでもわれわれのやっている分野と他の分野との違いだという気がしますね。個々のテーマはつぎつぎ変わっても、底にある流れというか精神は変わらないのがわれわれのやっている物理学だとすると、固体物理学者というのは「固体」にしか

興味がない。私たちは何であれシンプルで好奇心をそそることなら興味をもつんだが。

南部　同じことがBCS理論でも言えると思いますよ。実にみごとな理論だけれど、私は初めは信じられなかった。ボブ・シュリーファーが、シカゴ大の大学院に来てセミナーをしたのですが、ヴェンツェルなんかと一緒にわたしも出ていた。当時われわれは素粒子物理学をやっていましたが、ほかの連中は固体物理学者なんですね。そのとき私は、シュリーファーの言うことがひじょうにひっかかったわけです。というのは、彼の波動関数を見ると、電子数が一定ではないので、どうしてBCS理論が自然の近似像なり、記述として成り立ち得るか、と思ったんですね。明らかにゲージ変換は破れているわけですから。

ともかく初っぱなからそんな具合で、先へ行けば行くほど余計ひっかかった。でも、彼らの計算結果には惹かれるものがあったので、理解しようと努力しました。結局、最終的に論文を書こうという気になったのは数年たってからでした。やっぱり、興味の方向が多少違うということはあるようですね。

対称性から反対称に向うとき

ポリツァー　対称性はなかなかとらえにくいものなんです。というのは、鏡を使った対称のよう

に目で見てパッとわかるものでなくて、抽象的な対称性を問題にしているからです。現実世界にもってくるとちっとも対称でなくなってしまう。しかしそれでいて、注意深く理論的に観察すると、ちゃんと対称性が存在する。

具体的な例はいろいろあります。ゴールドストーンのボゾンとは関係ないので少し違ってしまうかもしれませんが、たとえば軌道上の角運動量の保存の問題で言うと、軌道というのは円でなく楕円形でもかまわない。でもケプラーの法則――楕円軌道において一定時間に惑星と太陽を結ぶ線が描く面積は一定であるという――は、円運動から派生している。

南部　別の話になりますが、本当の意味での対称性の問題でね、一度、一九六六年頃に京都で開かれた学会で話をしたことがあるんです。パイオンについての私の考えと「自発的破れ」がテーマだったんですが、その場にいたフランク・ヤンが話が終わるや否や、ものすごい勢いで反駁し始めた。私も必死で抗弁して、まさに口から泡を飛ばす議論になった。

同じ頃、宇宙に分域構造があるという推測を立て、「対称性の自発的破れ」の理論が意味を成すかどうか試すためのひとつの方法として追究していました。それで、宇宙のいろんなところに分域構造があるかもしれない、その可能性があると提唱してみた。ヤンはもちろん、対称性に関するこの考えは気に入らない様子でした。ところが五年前、東京で開かれたシンポジウムでまた自発的な破れの話をしたところ、ヤンがいて、公けの場で私に謝ったんですよ。

十川　宇宙に分域を措定するというのはどういうことでしょうか？

南部　たとえば磁石に例をとりますと、磁石はある分域ではこっち、他の分域ではあっちの方を向く。その向きは言わば偶然によってそうなっていて、これは自発的破れに相当するわけです。つまり、いろいろな向き方があるということを実証するには場所を変えればいい。それと同じことが宇宙の中でも起こっている、とこうなるわけです。

十川　特殊性を認めていこうとする。

南部　特殊性というか——つまり対称性は、どっちを向いても構わないということなんだが、仮に宇宙がひとつの方向しか向いていなかったとしたら対称であるかどうかの可能性を検証できない。逆にあちこち向いていれば、その可能性があるということになる。検証されないと水かけ論になってしまうかもしれない。

ポリツァー　これは本当の話か知りませんけれど、シェリー・グラショウは、素粒子発見史を対の話に言い替えているらしいですね。SU(3)とか八道説のことも重要なのに、彼は歴史を書き替えてしまうんですよ。「まず初めに、陽子と電子、ハドロンとレプトンの対があった。しばらくして、陽子が陽子と中性子の対になり、電子も電子と中性微子の対になった。ふたつめのレプトンであるミューオンも対になって現われた。そして三番目のクォークが発見された」——と、こういう具合です。彼が言いたかったのは、三番目のクォークも対の片われがあるはずだ

ということですけどね。歴史をひとひねりしていますが、理論は確かに彼のものです。

いままでは対《ペア》の考え方は滲透していますね。現在知られている粒子には、五番目のクォークを除けば、ひじょうに近しいパートナーがいる。だから六つ目もあるはずだと私が前に言ったのもそういう意味です。「ボトム」があるなら「トップ」もあるはずだ。必ずパートナーが来ないといけないような名前をつければいいんですよ。……ただし、これに該当しない変な名前といえば「ストレンジネス」と「チャーム」ですが。でもこのふたつが対なのかもしれない！

十川　「ボトム」は「ビューティ」と同じことですか？

ポリツァー　「トップ」と「ボトム」の対は「トルース」と「ビューティ」の対と同じことです。

南部　グラショウは洒落が好きなんですよ。

十川　レプトンとハドロンの対称性の問題ですが、チャームまでは対称性と言っていましたけれども、今は対称性が破れてしまってはしかたないという発想ですか？

ポリツァー　その問題は、強い相互作用を弱い相互作用と電磁気力とに統合する試みとも関連します。レプトンとクォーク――レプトンとハドロンでなく――の間に存在する、あるいは存在するかもしれない対称性の特別な表現を先頭きって提唱しているのがサラムです。ハドロンは、いちおう、クォークの複雑な集まりだということになっている。クォークとレプトンの対称性を示唆するヒントはすでにあがっているのですが、詳細がまだわからない。

南部　そう。マーシャクたちがむかし指摘したように、クォークの数とレプトンの数には似たところがある。

ポリツァー　質量も似ているかもしれないが、厳密に関係していると言うにはまだ情報が足りない。しかし、一方は閉じ込められていて、一方はそうでない。対称性はあるのですが、それが自発的に破れるんですからね。ということは、自然法則として、抽象的にですが、対称性がありながら、現実の世界ではそれがやや非対称的にあらわれている、そういうことでしょう……。

十川　自発的破れがどうも気になります。大局的に対称性を設定すると、理論としては整然とする。ところが、「自然の方が自発的に破れる」と言って、もう一回、覆していきますね。この辺りのニュアンスは巧みだなと思うと同時に、ちょっとごまかしているのじゃないかという気がしますね。

南部　内容としては同じ考え方ですよ。まず対称性を求め、次に反対称性を求め、そっちの方に憧れて進んでいる。

　自発的破れは、固体物理学やほかの現象での経験から言われている概念なんです。哲学的な何かがもとになっているわけではなく、経験からそのようなことが確かに存在する、起こるというのがわかっている。しかし、こうした現象を「自発的破れ」とみること自体はひじょうに新しい。昔から知られてはいたのですが、普遍的な原理として認識されていたわけではありま

せん。

牛とサラダ・ボールにみる「自発的破れ」

ポリツァー　ここでちょっと物理学の三分講義《レクチャー》をしてみましょうか⁉　「対称性の自発的破れ」について説明したいんです。（ボードに向う）

まずサラダ・ボールみたいなものがあるとします。……ことわっておきますが、これは物理というより、ごく簡単な対称性の話です。

もしこのボールがろくろで作られたものなら周りは丸いですね。対称性がある。横軸方向に切ればどこも同じで丸い。ここにビー玉を放り込むと、このボールが丸いということからいくつかの結果が導かれる。ひとつは、ビー玉は底に静止する。完全に丸ければ、ピッタリまん中に止まる。また、これを少し押してみると、上にころがったり下がったりする。逆に押しても同じことが起こりますね。ろくろで作ったものには必ず対称性があるわけです。

ところが、陶工が底のちょうどまん中のところをちょっと上につき上げたとします。それじゃビー玉はどこに止まるか。中央の盛り上がったところではないでしょうね。溝のどこかに落ち着く。底の溝はどこも同じですから、どこにでも止まりうる。ただ、やはりどこかには落ち

 to look at these phenomena as spontaneous breakdown

着くわけで、そうなると対称性が破れたということになります。
対称性にはもうひとつすばらしい結果があります。今度は溝に沿って押してやるとします。こうなると動きがまるで違う。このボールが完全なもので摩擦がなければ、ビー玉は永久に回りつづけます。逆もどりしない。決して逆転しない運動が起こる可能性というのも対称性がもたらす結果です。
物理学へのアナロジーは話が長くなるのでやめておきますが、要するに、対称性と直接関係のある自然現象があるということです。ものが丸いことによって逆転しない運動が起こること、対称的でない運動が起こることを「対称性の自発的破れ」というわけです。等式の基盤となっている自然法則は対称的ですが、粒子は現実には明らかに対称的ではなく、対称性を反映しているにすぎない。
対称性のもっと強烈な、というかもっとわかりにくい現われ方もあります。ゲージ理論ですが、これはちょっと説明するにはむずかしすぎる……。

十川　すると、自発的な破れによって質量ができるというのは、物理的に今おっしゃったような運動をみていることになる?

南部　でも、それをどう説明するかですね……。

ポリツァー　答は出せるけれど、それではたして満足してもらえるか……。つまり、質量はこの

前後の動きに関係してくるわけです。

南部　対称性の破れをもちださなくてもプラズマ遮蔽だけで説明できますよ。つまり、質量のない場でつくられるクーロン型の遠達力が、プラズマの中では遮蔽されて湯川型の近距離力、すなわち質量をもった場でつくられる力に変るということです。でも、対称性の破れとの関係となると……どう説明したものか。

ポリツァー　ここでなぜパイオンに質量がないか、説明しようと思えばできますけどね。

南部　それじゃ、私がそのあとを引き受けましょう。質量を例にとって。（ボードに向う）

物理の会議で、説明にマンガを使うおかしな習慣がありましてね。自発的破れを、草が少ししか生えていない、のっぺらぼうな野原に牛がいる状態にたとえるわけです。牛の右側と左側の二ヶ所だけ草が生えている。お腹のへっている牛にとっては、どちらも同等に魅力がある。しかし、どちらも等しくおいしそうだから牛はどっちに行っていいかわからない。どっちかに決めないことには飢え死にしてしまう。（笑）どっちにしてもいいのですが、右か左かを選ぶわけですよ。ここで「対称性の自発的な破れ」が起こる。

十川　対称性の破れが、自然界の多様性を保証しているということでしょうか？

ポリツァー　多様性？　いや、そうじゃないでしょうね。もっと精彩のない話ですよ。二つの草地、可能などちらの方向も、まったく同じなんですから。でも十川さんの見当はあたっていな

くもない。自発的な破れがレプトンとクォークを分け、強い相互作用、弱い相互作用、電磁気力を生むわけです。でなければ、みんな同じになってしまう。

パイオン像と「対称性の自発的破れ」の接点

ポリツァー　クォーク理論にもどりますが、パイオンが未だに大きな謎だというのはおもしろいですね。パイオンに関する考え方と、「対称性の自発的破れ」の接点がもたらした審美的な魅力は相当なものでした。

ところで南部先生は一九七八年の今日現在、パイオンはカイラル対称性《シンメトリー》の南部・ゴールドストーン・ボゾンだと考えておられますか？

南部　ええ、そう考えています。

ポリツァー　私の考えでは、そういうパイオン像が出てくる実験的裏づけは何か問いたいし、もっと中立的な立場を取ることも可能だと思うのですが。お互い声をそろえて「ハドロンの中でいちばん軽いのがパイオンだ」と言うのとは別にね。

カレント代数とソフトパイオンの定理から導かれる結果はたくさんあるのに、実験的に試されているものはほとんどない。いままで厳密な実験的検証が行われてきていないのに、たいて

いの人は作業仮説として使ってしまっている。

南部　パイオンが最軽量の粒子だということ、それだけあれば、さまざまな関係を導くのにある程度十分と言えるかもしれない。ゲルマンの考えも、その辺りにあるような気がします。しかしなぜパイオンが軽いのか？

ポリツァー　ゲルマンという人は、いつも客観的な見方をしますね。あらゆる可能性について語り、自分の意見を強く持っていても違う考え方を公平に出そうとする。それで最終的にどちらが正しいかの根拠が出尽すと、そのこともはっきり言ってしまう。

十川　ゲルマンが自分の理論を出した時、坂田モデルについて知っていたのでしょうか？

南部　まったく知らなかったということはないと思います。でも一方では、坂田の仮説についてきちんと勉強していなかった節もある。もちろん坂田モデルとゲルマンのモデルには違いがあるし、坂田の考えは具体的な点では間違っていた。あの中には、基本的な構成要素として、陽子、中性子、ラムダしかなかったのに、ゲルマンはシグマなど、ほかの要素も加えたいと思った。ゲルマンは坂田モデルを正しいと思っていなかったのでしょう。しかし、坂田モデルを群論的にとらえ、その対称性をU(3)として粒子の分類を最初に試みたのは、坂田グループの池田、小川、大貫です。

ポリツァー　いろいろな人がいろいろな群について、研究していましたね。その頃の物理学者は、

あまり群論には強くなかった。ウィグナーから習った群ではなかったから……。回転群については知っていたけれども、これは標準的な教育過程に含まれていなかった。8次元表現を持つ単純群がどれだけあるかわからなかったんです。発見された頃の事情はそんなものだと思います。「8次元表現を持つ群があるらしい」というのがクチコミで伝わり、詳しい研究がなされた。それで発見されたのでしょう。

南部　もうひとつ、SU(3)についてもエピソードがありましてね。ネーマンという人が当時、ロンドンのイスラエル大使館付研究員か何かで、サラムのところで研究をしていたんです。サラムから、SU(3)が可能な群かどうか調べてみろ、という課題を与えられてやってみたところ正しいとわかった。

ポリツァー　その反対に、シュウィンガーのG(2)のように、間違った群を考えた例もある。

南部　それから、ゲルマンのグローバル対称性の例もありますね。やはり、見当違いの群を選んでしまったためにうまくいかなかった。

ポリツァー　うまくいくか、いかないか、それが問題です！（笑）物理の世界では、自分の好きなだけ時間をかけて推測するのは許されない。常に問われるのは、それがいったい正しいのか、実験結果と一致するのか、細かいところまで一致するのか、これなんです。だから、われわれにとってエレガンスはぜいたく品で、あとからやって来ることが多い。（笑）ディラックとかア

インシュタインみたいな偉大な天才には、まずエレガンスが来臨したし、間違いじゃないかという疑いは持たなかったと思うんです。

南部　そうとは言い切れない。ディラックにしても、こういう話がありますから。彼がディラック方程式を書いたとき、実はもっと先まで進んで、微細構造まで計算できたはずだったのに、間違った結果が出ることを恐れるあまり、先に進めなかった。

ディラック方程式が残した疑問

ポリツァー　そうだったんですか?!　歴史に弱いので知りたいのですが……電子の磁気運動量は正しいのに、陽子の磁気運動量はまるっきり違っていたということ。当時、電子と陽子の違いといえば、陽子の方が重いということしかわかっていなかった。それでどうして当時の人は、自分たちの考えが正しいと判断できたんだろうか。陽子の磁気運動量が重大な問題だと思った人がいたんだろうか。まったく違っていたわけだけれど。

南部　私もあの時代のことはよく知りませんね。ただディラックでさえ、彼の方程式の中のポジトロンまたは負エネルギー状態とは、単なる陽子のことかもしれない、ということを言っていた。ディラックの時代というと、一九二〇年代の終わりごろですが……。

ポリツァー　陽子についてわかっていたのは、せいぜいラザフォードの説をもとに、原子核がものすごく小さいということだった。

南部　それにもちろん、その当時は中性子の存在だってわかっていなかった。原子核は陽子と電子からできていると考えられていましたから。

十川　そのディラックのように、自分のやろうとしている研究をこれ以上進めると、今までの研究をゼロにしてしまう、裏切ってしまう場面があると思いますが、そういうときはどうなさるのですか。

南部　つまり、ある革命的な理論を生み出す際、それまで考えてきたことなり結果なりを全部放棄しなければならない。そういうときがある、ということですね？

ポリツァー　それは、まさにゲルマンが私に言わんとした教訓です。彼も、何か革新的なものを出そうとするとき、うまくおさまりのつかない事柄がいくつかあるために躊躇してしまうことがあると告白している。でもそれに屈せず出してしまうべきだと教えてくれた。問題点はどれとどれだ、ということも一緒に出す。そうすれば、誰かほかの人がその問題を解決してくれるかもしれない、と。

それにしても、ディラックのエピソードにはちょっと驚きました。思い出すのは、ニュートンが、地球は完全な球ではなく、回転軸も揺れていると発見したときの例です。古い物理学に

だって新しい物理学と同じかそれ以上にエキサイティングなことがあると思う。

地球は地軸を中心に回っていて、その軸は二万三千年周期か何かで、ちょうどコマのように揺れている。このことは古代から、たとえばバビロニアの天文学者の間では知られていた。でも、いったいぜんたいそんなことがどうしてわかったんだろうか……。

南部 その時代のことはわかりませんね。

ポリツァー その事実を知るだけでも驚異です。ニュートンが出てきて、初めてなぜそうなるのかがわかったわけなのに。地軸が揺れているのは、地球が完全な球ではなく、少しつぶれた形をしていることと関連があって、まわりを回っている月が引っぱるからなんです。簡単に言うとそういうことです。それで揺れの周期が二万三千年ということから、ニュートンは地球がどのくらいつぶれているかを導いた。ところがニュートンが計算で出した値は、それまでの観測値とはぜんぜん一致しない。結局、五十年か百年して、ニュートンが正しかったことが明らかになりましたけれどね。当時、ニュートンは自分が間違っているとは考えなかったので、計算結果と観測値は一致しない、とそのまま問題として提出した。このニュートンの例のようなことはあると思いますね。

ニュートンにみる科学者の創造性

南部　ニュートンと言えば、チャンドラセカールがおもしろい講演をしています。歴史上の三人の偉大な天才、シェークスピアとベートーベンとニュートンを比較したものですが、論旨は、シェークスピアやベートーベンといった人文や芸術の分野の人間と、ニュートンのような科学系の人間とでは大きな違いがあるということでした。もっとも大きな違いは、作家や芸術家は人生の最期の瞬間まで成長し続ける――創り出すものやスタイルは変わるけれども、そのなかで成長し続ける。科学者はそうじゃないというんです。

ポリツァー　当ってますね。

南部　ニュートンの場合、二十代にすばらしい仕事をしたけれども、その後まったく何もしなくなってしまった。それからライプニッツかだれかの刺激を受けてやってみようかという気になり、確か一、二年かけて『プリンキピア』という有名な大作を書いた。期間はひじょうに短かったけれども、多くの問題を完膚なきまでに片づけた。これはチャンドラセカールも、超人的な技《わざ》だと言っています。ところがその後、またやめてしまったわけで、ニュートン流のそういうやり方は、彼自身が告白しているように子どもの遊びと同じものだ、ゲームを楽しんでい

るようなものだ、というのがチャンドラセカールの見方です。

ポリツァー　その話を引きつぎますとね、ニュートンはべつに頭がバカになったわけでも何でもない。彼の人生の最終章に当たる部分、確か六十代の頃だと思いますが、「最速降下線」の問題の解決法をめぐって数学の競技会があった。そのときニュートンは、新しい変分法を編み出した。概念としてはそれほど飛躍的ではなかったけれど、それでも一数学者がその発見だけで十分有名になれるくらいのものだった。それをニュートンは晩年になってから、国際競技会という場に挑戦してやってのけたわけです。

でもニュートンは年をとるにしたがって、人間的な、精神的な方面に関心をもつようになった。これはおもしろいと思う。人文科学の分野の仕事は人間的、精神的であるのに対し、自然科学の現実《リアリティ》には一種の「冷たさ」がある。人間的《ヒューマン》な要求とか欲望といったものに触れたり、それ自体に問いを投げかけることはない。科学のゲーム的な側面には、人間的現実からは遠ざかっていくところがある。科学者は何年間かひじょうに集中することはあっても、それを一生続けることはなかなかしないようですね。

南部　やはり違いはあるでしょう。チャンドラセカールの話にもあったけれど、ベートーベンは晩年、「やっと作曲というものがわかった」と言ったそうだが、科学者は「やっと研究のし方がわかった」とは決して言わない……。(笑)

十川　それでも、物質の現実《リアリティ》に近づいていく行為そのものは、非常に人間的だと思います。

ポリツァー　確かにそうですね。とくに私たちの物理学のやり方にそれを感じます。ニュートンやアインシュタインのやり方はよく知らないけれど。もちろん時代も違うし。今日では、ひとつにはコンセンサスの問題があり、もうひとつは物理学者がグループとして仕事をしているということがある。要するに、科学的な仕事をする上での「社会学」が介在する。

南部　そうそう。現代科学の進歩にとって必要なことだと思います。

十川　その集団的な頭脳のチームワークという点はおもしろくなりつつありますね。かつては個々の際だった人のなかでしか発展しなかったことが、このグループにもある、あっちのグループにもあるということで物理観なり自然観が進んでいく。ひとつの新しい段階とも言えないでしょうか。

ポリツァー　楽しいことには間違いないですよ！　ただ南部先生もおっしゃったとおり、どっちがいいかは決めにくい。

南部　高エネルギー物理学に限って言えば、実験が基本になっているので集団のチームワークはぜひとも必要です。

3 重力量子のフィジカル・イメージ

——重力のしぶきと空間の泡をめぐって

統一理論をはばむ重力のスケール

十川　四つの力の統合に関してはいかがですか。

ポリツァー　四つの力……弱い力、電磁力、強い力、重力……これは難問だ！

南部　私にはわかりませんが、ポリツァーさんは？（笑）

十川　あまりにも大きなテーマですが。

ポリツァー　それはもちろん。会議でもだいぶ話題にはなりました。最近ではその方向でがんばっている人も多い。もしそれでものすごくシンプルで美しい描像に到達できれば大変な魅力です。でも現段階ではほど遠いし、いままでわかっていることとも一致しない。それと、重力が実験的に実証できないので、ほかの三つの力との統合が物理学的にできないんです。粒子につ

いての実験をするような具合に重力をいじくるわけにはいかない。重力以外の三つの力に関しては、いろいろな実験からヒントを得つつ、いまの方向でいいのか確かめていけましたが、ある意味では、重力についてほとんどわかっていない。四つの力を較べるといってもむずかしいけれど、なかでも重力がいちばん弱い。それでも唯一重力があなたも私も感じることのできる力なので興味は尽きませんね。

南部　物理学者というのは、ひとつ成功すると自信過剰になりやすいのは私も同感です。すぐ一般化したくなる。ゲージ理論のときもそうだったし、QCD理論でもその傾向はおおいにある。

ポリツァー　それしかやりようがないとも言えますね。もうひとつは歴史的に見ても、アインシュタインにとっては、重力と電磁力が明らかに似ていて関連していることが見るからに直接的な問題だった。あの時点からは進歩してきています。アインシュタイン個人ではとうてい発明できなかった機器や概念が生まれてきている。ですから、重力と電磁力、弱い力、強い力の四つを統合した理論をつくる可能性は確かにある。それだけでも驚くべき進歩ですが、たとえできたとしても世界を記述することになりません。

南部　そうですね。

ポリツァー　もうひとつ批判を言わせてもらいますと——スケールの問題ですね。重力の基本的

な長さであるプランクの長さと、われわれがいま測ることのできる長さとにはばく大な差があります。おそらく空間は滑らかでなく、ごく微細なものからできているのでしょうし、クォークなどはそのくらい小さいのでしょうが、まだはっきりとわかっていない。クォーク自体もいろいろなものからできている複雑なシステムかもしれません。大きさも10^{-15}か10^{-16}センチ以下だが、それよりどのくらい小さいかはわからない。つまり、現時点の観測能力ではクォークは点にしか見えない。ちょうど五十年前、陽子が点に見えたのと同じように。さらに10^{-2}倍は小さいはずですが、点ではないかもしれない。問題は、観測技術が改善されてもまだ点にしか見えないだろうか、ということなんです。

ゲルマンとこの問題で議論したことがあって、彼はその後考えを変えましたけれど、私がこう言ったんです。自然のシステムのなかで微細に観察していけば内部構造がわかってこないものはないはずだ。宇宙はいくつもの銀河系でできていて、銀河系はいくつもの星でできている。星の生成をたどれば分子になり、分子は原子からできている……という風に。するとゲルマンが、光子《フォトン》があるじゃないかと言った。光子というのは、われわれの知る限りで、宇宙的な側面も持っているんです。たとえば何千キロという規模での地球の磁場を表わすのに使われる方程式が、光子という極微の世界でも基本的にあてはまる。そのスケールと10^{-20}のスケールで起った現象に同じ方程式があてはまるなんて驚くべきことです！　科学者は平気でそういうスケ

ールを口にするわけなんだが、私にはとても想像がつかない。十分の一とかそのまた十分の一ならわかるけれども、それが二十回も繰り返されるわけだからそれこそ極小の世界です。

南部　ワインバーグとサラムを例にとると、ようやく見るべきものが出てきたという感じですね。ワインバーグのWボゾンのことですが。

ポリツァー　でもそれはリアリティのある物理学ですよ。実験をし、粒子を観測して新しい現象があるかないか見られるわけで……。

南部　物理学者はいままで、何かドラスチックなことが起らないかと焦ってきたようなところがあると思う。たとえば一九三〇年代にはハイゼンベルクのような人が、電磁シャワーがあるという根拠だけで、量子電磁力が一フェルミかそのくらいのところで破綻すると言った。いまでは電磁シャワーについてなんの不思議もないけれど、過去においてはずっと謎だったんです。そこでハイゼンベルクは飛躍ではあったが、古い考えを覆すような結論をもってきた。ところが、いまではご承知のとおり、バーバとハイトラー、カールソンとオッペンハイマーらのグループによってこの電磁シャワーの問題はもっとつまらない形で説明されてしまった。こういうことが年月を経て繰り返されていく。

（ここで松岡正剛、宴に参加）

重力の量子化はいつ……

ポリツァー　重力の問題に戻りますけれど、同じくらい普遍的なものの例として光子があります。重力は宇宙をひとつのまとまりに繋ぎとめていて、しかもごくごく微細な世界では空間を粒子的にしていると思うのですが、わたしが疑問に思うのは、果してクォークとかグルーオンが光子ほど根源的かどうかということなんです。そこまで問題にしたときに粒子と見ることができるだろうか。四つの力を統合するためには、ある意味でクォークをデモクリトス言うところの「ア・トム」(＝不可分なもの)ととらえなければならない。もう最終的なところに来たということが前提になるわけです。

松岡　ジョセフ・ウェーバーの重力波の提唱以来、重力の量子化が問題になってきていますが、その点はいかがでしょうか。スタニュコヴィッチという物理学者がプランクにちなんで「プランケオン」という仮説をたてて重力量子というものを想定しましたね。重力の量子化についてはいろいろな仮説が出ていると思うけれども、その後どう進んでいるのでしょうか。

ポリツァー　いろいろと実験はなされているけれども見るべき結果は出ていません。ウェーバーの出した結果を再現しようと努力はしているんだが。おそらくあと十年くらいはかかるでしょ

う。

重力理論においては、光から類推される重力波のようなものを見つけようとしています。電磁力に関しては、何百年も研究が続いた後、マックスウェルが答を出した。光からの類推を可能にするために、マックスウェルは光を波としてとらえ、適切な方程式で記述してみせた。けれども光子はアインシュタインと量子力学による発明の産物で、まったく新しいものなんです。重力についてわかっていることからその量子力学的効果を予測することはできる。じゃあ、重力をグラビトンという粒子としてとらえ、重力の量子性を測定するにはどんな実験を設定したらいいのか。これはわたしたちの生きている限りでは実現しそうもない。スケールが小さすぎるし、実験に必要なエネルギーが高すぎるからです。そんなところから、われわれの重力理論全般に対する反応が出てきているわけです。つまり、重力を扱う物理学というのは素粒子物理学とは少し違って、もっと審美的な基準とか間接的な議論に頼るところが大きくて、実験的観察はそれほど関与してこない。

南部　重力に関してだけの話ですか。

ポリツァー　重力または四つの力の統合に関して。統合するには、重力を粒子としてとらえなければならないですから。

南部　重力量子《グラビトン》はあると考えますか。

ポリツァー もちろんありますよ！ アインシュタインは光電効果を説明しようとして光子を発明したわけですが、私も高校生のとき光子のことを習って、光電効果の実験をやりました。プランク定数の測定ができて、光の量子性がすぐにわかる。けれども重力に関してのアナロジーとなると、さっきも言ったように、私の生きている間にはできそうもない。

南部 当然でしょうね。私の時代、初期の頃ですが、ニュートリノ物理学などとうてい考えられなかった。可能性としてすら考えも及ばなかったですね。

ポリツァー ええ、だから問題は、進歩とか時間が指数的に進むものか、ということだと思うんです。というのは、ニュートリノ物理学をやるには加速器が必要だった。そして加速器がこれぐらいの大きさのサイクロトロンとかヴァン・デ・グラーフの起電機に比べて、どれほど高いエネルギーを発生させられるか。1keV が何百 GeV に……10^4倍ぐらいに増える程度の話なのか。五十年前にできなかったことに較べれば、指数的にはその一万倍ぐらいでしょう？

南部 それだけじゃない。だって、パイ中間子が崩壊してニュートリノを放出するからニュートリノ物理学ができるわけでしょう？ それがなければ、ただ核のベータ崩壊という以上は不可能だったはずだ。

ポリツァー ああ、ニュートリノ線をつくるにはそうですがね。

南部 もちろん今は原子炉が使えるから大丈夫ですが。

だったのではないですか？

ポリツァー　ええ、でもニュートリノの実験が考えられなかったのは、断面積が小さすぎるから

南部　そうです。

ポリツァー　だからエネルギーを高くしていって断面積を大きくする。

南部　その恩恵もあります。何ができるかテクノロジーに負うところが大きい。

ポリツァー　ある人の一生を考えると、その間にテクノロジーが何度も改善されていく。数年ごとに十倍ぐらいの進歩がある。そうすると10^4分ぐらいの進歩はあるんじゃないですか。

南部　そうかもしれないですね。

ポリツァー　グラビトンのことで言うと、どうも物理学者の見方は近視眼的ですね。だって時間とか進歩というのは決して直線的に進むのではなく、指数的に進むものでしょう？　しかしそれにしても、イメージがわかない……。

南部　わたしもわきませんよ。それと、もしほんとうに指数的なら危い面もあるんじゃないか。人口増加の問題に似てくる。

結晶としぶきと泡——重力量子を追って

松岡　重力理論に関しては悲観的のようですね。

ポリツァー　まったく！（笑）

南部　でも重力波をつきとめようとしている人は多勢いますね。

ポリツァー　おもしろい新しい考え方も出てきています。おもしろいというのは、また別の観点からなんですが。たとえばマクロスコピックな検出器をつくる。つまり、手で持てるような大きさで、しかもその固有の性質が量子力学的であるような検出器をつくる。もっと具体的に言うと、単一の結晶、つまり何億、何兆という原子が完璧な配置で並んでいるもののシステムを応用するわけです。見るからに量子力学的なふるまいをする物質は滅多にないんですが、そういうものを観測装置にしようというアイデアです。これは固体物理的にも結晶の量子力学としてもおもしろい試みだと言える。ただ、そうは言っても、重力はやはり波のような古典的な物質だから、うまく測れるかどうかはわからない。

松岡　先ほどのスタニュコヴィッチも、重力量子が波のしぶきのようなものだと言っています。ちょうど波間を吹く風がしぶきを引きちぎっていくようなものだと……。

南部　スタニュコヴィッチというのはどういう人ですか？

松岡　よくは知らないんですが、ソヴィエトの物理学者で、かれの書いた『素粒子論』という本を読んだ限りでは、フィジカルなイメージが非常にヴィジュアルに描かれていた。湯川さんの最後のテーマは時空の量子化だったけれども、そのためには重力理論を量子レベルにもってこなくてはならない。その辺のことが気になっていたので、スタニュコヴィッチの本が印象に残ったのだと思います。

南部　信頼できる科学者かどうかわからないのでなんともいえませんが……。

ポリツァー　信頼できるかどうかの話なら、ジョニー・ホィーラーも信頼できる物理学者ですよ。重力量子力学に対するアプローチを考えると、われわれは非常に単調なやり方しかしていない。ワインバーグのアプローチだってずっとそうだった。重力を単なる粒子論の一部としかとらえてこなかった。ホィーラーはその点を指摘して、空間そのものが連続性をもたないなら、まったく新しい道具や機械を使う必要があると言い続けている。ホィーラーは空間というものは、やはり泡だった波だと言うようになってきている。その場合にも計算できることはあまりない。

南部　でも物理学者はそこのところを計算し始めていますね。

ポリツァー　ええ、小さな、量子的ブラック・ホールだとか言って……。宇宙像が数学的な現実味を帯びてきたのは事実です。まあ言ってしまえば、現場にいる科学者にとっては方程式の方

が視覚的なイメージよりもはるかに現実的《リアル》ではある。方程式は証明可能だから。生命は泉のようなものだというのは真実であって真実でない。空間は泡だと言っても同じことです。

松岡　方程式が唯一証明可能だというのは納得しかねます。というのは、方程式には左から右へ進行するルールがある以上、そこには審美的要素とかヴィジュアル・イメージが関与している。もちろん、記号解釈のルールがひじょうに完璧なシステムを持っているということは言えるけれども、方程式が左から右へ進行する間にひとつの時間が流れているということも、自然の破片というか、フィジカル・イメージが関与していると見たい。ですから、方程式だけが検証できる唯一の方法だとは思えません。

もうひとつ言うと、左辺と右辺を結ぶ等号というものでわれわれは認識の完了感を得るわけだけれども、なぜそうなるのだろうか。ちょうど量子力学が観測機械というものを認識の対象としたように、方程式そのものがわれわれの手や足の延長であるというところまで考えると、方程式の方もそう安閑とはしていられなくなると思うんです。(笑)

ポリツァー　ゲームにはルールがつきものだと考えればいいと思いますよ。科学というひとつの過程《プロセス》のなかに証明があり、それにはルールがある。でも松岡さんがおっしゃったように、わたしたちが向おうとしている方向とか場所は、たぶんに美学や文化や歴史といったものの産物であって、そこにある現実《リアリティ》を純粋に反映してはいないということは認めます。ただ、われわれの

活動なり物理学者のゲームのなかには必ずルールが介在するということだと思います。

4 物質は数えられるか

——リンゴとミカンのあいだの問題

まず、なぜ数えるか

ポリツァー　数は単なる記号《シンボル》にすぎませんがひじょうに強力な記号であって、数が存在する事実には重要な意味があります。というのは、1とか2とか3とかπとかには絶対的な意味がある。確かに数には人工的な側面もあるが、ひとつの絶対性をもった真理です。ルールの範囲内での絶対性というか……。自然の絶対的真理とは違うかもしれないけれど、たとえばこのワイヤーをつなげてこっちのダイアルを回すともう一方のダイアルに2.345と出てくるかどうか、そういうことは学んでいける。

南部　今おっしゃったのは、西欧科学に特徴的な考え方かもしれませんね。ものの見方にはもっと違った見方、たとえばひとつのパターン全体を直観的にとらえていく方法もある。科学的

な方法というのは、そうではなくて、ものごとを部分ごとに分析していって、それを順次論理的につなげていくわけです。そしてそのやり方で今までの科学は成功してきている……。

松岡　いつも思うのですが、たとえば一ケタの簡単な数でも、民族や国によって書き方が違いますよね。そしてある数字の表わす量というのも違うかもしれない。たとえばある未開民族にとっては、数字の5というのは何かこれぐらいのボンヤリした量を表わしていて、実際には10個を指しているかもしれない。

ポリツァー　5以上の数は数えない、そういう民族がいるという話ですか？

南部　5以上のものはすべて5と言ってしまう。そういうことはあり得ますね。

松岡　なぜ数字にケチをつけ始めたかといいますと、要するに、われわれが完了することを志向して認識を深めていったのではダメだ、という考えがあるんです。これは東洋にある考え方で、西洋では必ず完了を目指す。西洋でも、たとえばヴィトゲンシュタインなんかはそういう考え方をしていたと思いますが。どういうことかというと、ある領域を越えたとき、それ以上はボンヤリさせておく、認識の眼球を麻痺させておくということです。ある領域を越えるともう世界がボンヤリしてしまうことをわれわれは知っている。だから先ほどの、数の数え方が3とか5以上になると違ってしまうという、その中にもちょっとした可能性がある。

これが原子物理学者であるデヴィッド・ボームが発した疑問、自然の質的無限性をどこで止

めたらいいのか、に対する答になると思います。ボームは分子の次に原子、原子の次に原子核、そして素粒子、クォーク、その次というふうに無限に続いていってしまう「認識の悪魔」をどこで止めたらいいのか、ということを言ったわけです。それに対する答として、あるところからはボンヤリさせることができる。あるいはジェフリー・チューのように、そこでブーツストラップすることができる。しかもそのボンヤリしたり止めたりできること自体がわれわれに認識と自然の合体感を与える可能性があるかもしれない。

ポリツァー　確かに西欧科学の今の作業仮説では、まだわからないことは数多くあるけれども、いつの日か提出した疑問に答が得られるときが来ると考えられてはいます。

先ほどの数の話に戻りたいんですが。自然科学で大切なのは、数えるということです。1、2、3という数には、何か根源的真理がある。もちろん、3以上数えることはあきらめてしまって、それ以上は「たくさん」と言ってしまう社会があるのも認めます。ただ言いたいのは、指で個数を数えるのとポンドといった重さを測るのとは違う。しかしとにかく、疑問の余地のない真理が1、2、3という数にはあって、それが数の聖なる面でもあると思うんです。西欧では1、2、3……といったほかに0があり、無限大がある。それからマイナスの数、½、⅓、¼といった分数もあるけれど、これは全部、1、2、3の真理から来ている。

物理学者のやろうとしているのも、多分に無駄があるかもしれないけれど、物理的現実を数

における真理のようなものに還元していくことなんです。完璧な形ではできない……というより、ある点で失敗するのは避けられないといった方が正しいかもしれない。でもわれわれの動機はそこにある。目に見えるもの、さまざまな形や色をして自然界にあるもの、その背後にあるものを1、2、3のような真理に還元したいということ。なぜ1、2、3かというと、検証できるからで、重いとか柔かいとか明るいとかではない。方程式や物理学の役割は、そういうことにあると思います。われわれの目に入るものごとを数字にして表わしていく。

南部　歴史の中で、そういうやり方が何度も補強されてきたんだと思います。ずっと成功してきたから、このやり方でいいと思われてきた。そうでなければとっくに放棄していると思う。

松岡　今までは勝者の側だった……(笑)

南部　そう、今のところはね。

ポリツァー　でも人類にとって災難でもあった！

南部　たとえば請求書の支払いをするときを例にとると、最後のケタまで正確にわかっていなければ払う気がしないでしょう。ところが物理をやっていると必ずしもそうではない。10^{12}なのか10^{11}なのかが問題になって、10^{11}だとわかればそれで満足できる場合もある。ある意味では、物理はそれほどキメ細かくないと言えますね。

ポリツァー　ええ、そのことをもっと言うと、世界をどういう近似的なモデルでとらえるか、そ

こに審美的問題が介在してきます。ものすごく厳密な数字にまで世界を還元することはなくて、必ずあるモデルまたは近似としてとらえる。しかし南部先生もおっしゃったように、ある測定値というのが現実世界に対処するわれわれの力となりうるわけです。

「気配」を数える現代

松岡 いつも私が不思議に思うのは、メートルとかインチとかの単位は進化するのにどうして1、2、3という数が進化しないのか、変化しないのか、ということなんです。奇妙な現象だという気がするんですが。

十川 スピンやアイソスピンのような量子数も、必ず単位の方がふえています。

松岡 たとえばごく単純な例で言うと、リンゴの木とミカンの木という違う種類の木が何本もあったとします。それでまずリンゴの木の数を1、2、3……と数えます。次にミカンの木も1、2、3……と数えていく。同じ自然数を使って数えるわけです。次にリンゴとミカンを木からもぎ取ってきて何人かで分けようとする場合、やはり使われるのは自然数ですね。しかしリンゴとミカンは明らかに違う。つまり自然数という数学のシステムに、リンゴとミカンの木、そして果物を置きかえて使ったことで、もはやそれは木の話でも果物そのものの話でもなくな

ってくる。そういう前提があるわけですね。

ところが現代のわれわれがいちばん希求しているファンクションというのは、リンゴとミカンの間にあるものの、日本語でいう「気配」とか「微粒子」のようなものだと思うんです。もしそういうものが見えてしまえば、リンゴとミカンを分けて数えることはしなかったかもしれない。むしろそれらを取りまいているものの方に神経を集中していったと思う。ただ今のところは、その気配の中心にあるものをリンゴとかミカンと呼んで、数えようとしている。で、量子力学は、まさしくそのリンゴとミカンの間にある濃度というか密度をこそ問題にしているわけですね。ところがわれわれは、木を数える場合、果物を数える場合、あるいはその間の密度を数える場合の単位の方を進化させてきたが数字の方は進化させてきていない。

古来人間は変化に対して保守的傾向をもっていて、何かが絶対に変わらないことに対しては自信を持つものなんですね。そして科学者も数をずっと同じものとして守り続けてきたし、その数の絶対性に依存しつつ単位の方はいろいろと新しくしてきた。それで、どうして一方は守り、一方は変えてきたか？　それが私や十川の疑問なんです。

ポリツァー　質問に対する答はちょっと後まわしにするとして、今おっしゃった、人間が数をどう使うかという問題の微妙さ、不可思議さにはまったく同感です。木の話を出された時に思いついたんですが、われわれは木というものの概念をかなり明確にもっている。だから木を知ら

ない人に説明して数えさせることもできる。ところが今度、木の種類を数えなさいというと、すごくむずかしい。何種類のリンゴの木があるかと言われても、どう分類するかによって違ってくるわけです。

それで科学においては、そういう分類のしかたは変えてきた。けれども先ほどの質問の通り、数そのものは進化しない。いつでも意見が一致していたわけです。数学の分野では確かに新しいアイデアが出されてはくるが、既成のものをまったく否定し、壊してしまうことはない。少し古いけれども、ユークリッド幾何学とリーマン幾何学の例がありますね。私に言わせれば、もしユークリッドにリーマン幾何学の基本的な考え方を説明したら、五分とかからないでしょう。それだけでユークリッドは理解できる。球面にチョークで書いてみせるだけでいい。ユークリッドは平面上で幾何をやったが、リーマンはそれを球面でやっただけのことですから。

数を数えるというのは、そういう幾何なんかのもっと根本にあることなんです。1、2、3と数えることは抽象化の問題で、たとえばここにあるコップを指して「いくつですか」と言う。するとこれは3つなのか、それとも水をひとつと数えて、合計4つなのか……(笑) 議論し始めたらキリがない。それでも3ということの意味は、たとえここにいる通訳の人がいなくても伝えることができるはずです。あなたと私、あるいは過去一万年間の全世界の人間が同じ考え方をしてきた、何らかの真理がそこにある。それ以外のこと、たとえば生とは、死とは、人間と

は、神とは……となると、ほとんど意見が一致したことがない。（笑）ところが3に関する限りでは、どういうわけか一致する。真実すぎて進化しないんじゃないですか。それともトートロジーだからでしょうか。

もしかすると神経生理学的に、われわれの頭の中に数に関する配線ができていて、その配線図がみな同じだから一致するということかもしれない。それも考えられますね。

数の発生と対の記憶

松岡 それでは数の発生についてはどうお考えになりますか。

ポリツァー 指からでしょう。

松岡 ゲシュタルト民族心理学ではそう考えますね。人間は初め肩を自覚し、それからひじ、手首と進んで、手指が自覚される。ドイツ系の考え方ではそうです。ところが、私はそうではなく、「対」の認識から数が発生したと考えています。われわれの中には対称性に対する深い希求があるし、常に対称性が生物学的に発生の要因になっている。そういうわれわれの中に潜んでいるものが、いつか何かのきっかけで対観念というものを外側に出し始めたと思うんです。

それはほとんどあらゆる神話に表われていて、たとえば太陽と月もそうだけれど、太陽がふ

たつ出てくる神話もある。それで片方の太陽がもう一方を撃ち落とすという話になっているんです。エーリッヒ・フォン・デニケンみたいなオカルティストは、本当に太陽がふたつあった時期があったと言いますが、私はそうではなく、われわれの側が常に2をまず必要としたはずだ、と考えるわけです。

それで神話から一挙に話を飛ばして素粒子物理学の現状を見ますと、常に対発生、または対消滅が起きている。ではどうして対発生したり対消滅したりするのだろうか……。

南部　そうすると、世の中には偶数しか存在しないっていうことになってしまう。（笑）まあ、そういうことは、ありませんけど。

松岡　われわれの中には「対」に対するひじょうに審美的な憧れがあるんでしょうね。だから必ずしも、1、2、3……10というように、一方的に進行する、兵隊のような数字の行列に対する絶対的希求観というものは薄いと思う。やっぱり文明がつくり上げたとしか考えられない。……なんかひとりで原始人の発言をしているみたいですが。（笑）

ポリツァー　私はたぶん、数の発生の方が神話だの文明だのより先だったと思います。神話というものを考えると、まず話が語られるためには日が暮れてから長老を囲んでみんなが静かに座るというような状況が必要ですよね。ところが人々はそれよりずっと以前から、動物だの石だのを数えていた。

南部　いくつぐらいまで？

ポリツァー　1、2、3でもう十分だと思います。

南部　でも数えるには、脳の中に記憶しなくてはならない。記憶するためには、ある程度のところまで数えられないとできないはずだと思うけれども。

ポリツァー　数の抽象化には、人間にとって基本的真理があるはずだということです。もちろん、バビロニア人が数を数えたようには数えられなかった社会があることもわかっています。バビロニア人は、どんどん数えていって、無限ということをつきとめた。無限というのはかなり知的に高度な概念ですね。

ただ大事なのは、そういう意味の数ということよりは、数の真理の方です。数は抽象化だということ。つまり、先ほど出た対、または2が数のもっともシンプルな形であって、1そのものは数とは言えない。なぜならひとつのものをそこに置いた場合、1という数とそのもの自体との間には何も違いがない。ところが2になると、2個の石であるとか、2匹の動物とか、指2本とかから抽象化が行われる。2というのはそういう基本的な真理をもった抽象です。結局、西欧科学がやっているのは、物理的な現実を数に還元しようということなんです。そしてその過程において、南部先生もおっしゃったように常に近似化が行われる。でも単なる絵と較べたときの方程式の価値というのは、もっとも基本的な2を含んでいることにあるんじゃないか。

南部　数が抽象化であるのはもちろんです。人間ふたりでもリンゴ2個でも、同じ2という数字を使う。同じ概念をあてはめるわけです。抽象化をしないのなら、人間ふたりに対することばをつくり、リンゴ2個に対してまた別のことばをつくっていかなければならなくなる。

ポリツァー　そう。でもほとんどの人間社会では、たとえ文化が違っても、同じ抽象化をしています。ところが、たとえば色のような場合、抽象化のしかたはいろいろ違ってきます。エスキモーなんかは白にあたることばを実にいろいろ持っている。というのは、エスキモーにとっては雪の白さにいろいろな段階があって、それぞれ違う名前で呼んでいるからです。

数え方の中の抽象性

南部　違う文化間では一致しないことが多いのに、2の概念だけは一致するというわけですね。ただ必ずしもそう言えないいんじゃないか。たとえば日本や中国でものの数を数える場合、1、2、3という数を使っても、必ず1個とか1枚とか1本とか、そういう単位を表わす語を後にくっつける。英語でも、one paper とは言わずに、one sheet of paper と言ったりするから、似たようなことはありますが、日本語や中国語では必ずそれがないといけない。数は共通でも必ず単位を表わすことばがつくわけです。

ポリツァー　それはひじょうに科学的な考え方ですよ！　というのは、実世界が数字では現われてこない、単位がなくてはいけない、という認識にすでに立っているわけですから。紙を例にとると、「紙」は物質を表わしていて、「5の紙」と言った場合、5cm²なのか5m²なのか5枚なのかわからない。枚というのは単位であって、抽象化が行われている。ただ、数の概念が明確に定義されていないというのは信じ難い。

南部　いやいや、そういう意味じゃない。

ポリツァー　抽象化したものとしての数の概念は、実際に数えているものからは独立している。これは驚くべき抽象化ですよ。

南部　どうかな。私はその前に出された数の発生について、まだひっかかっているんですが。

ポリツァー　すごく昔にさかのぼることは確かだと思います。ただ、さっき言った、指から起こったというのは間違いかもしれない。10に達する前に数えるのをやめてしまう民族もいるわけだから。ただこういうことは言えると思う。つまり、1だけでは数えることにはならないけれど、1と2を区別することがすでに数えることの始まりだと。おそらく人間の言語があまり多様化しないうちに起こったのではないか。2——「対」というのは大変重要な概念で、先ほど神話の例も出ましたけれど、その次の3になると、これはまた奇々怪々な数になる。三すくみになって引っぱり合いをするわけです。人間だって三人集まれば、ずいぶん問題がおこる。(笑)

Two is an abstraction which has this fundamental truth to it.

5
量子は任意な時間系を選ぶ
——ネコ時計、物理学者時計

「数」のラベルを貼る相手

松岡　数学者のカントールは、数の本質について、ものにペタッとラベルのように貼ることができるのが真の数であると言っていますね。数の起こりについては、ポリツァーさんのおっしゃるように、十本の指から発生したとしてもいいのですけれど、とにかく数というものは何かとの対応関係が必ずあるということで、ずっと揺ぎない王座を保ってきました。ところが、現在われわれが問題にしている素粒子というものには自己同一性《アイデンティティ》がない。その場合、果たしてラベルのようにペタッとくっつけられる数に対する概念を変えないで、アイデンティティのない素粒子の世界をこのまま語っていけるのだろうかという疑問がある。

南部　その点はもうすでに問われています。というのは、量子力学では統計学的な問題がでて

くるわけです。今の質問と関連してくると思いますが、数には古典的な面とか、量子力学的な面とか、さまざまな側面がある。そしてそれらのどんなコンビネーションがありうるのかということがある。たとえば私と十川さんがこう座っていて、座席をとりかえたときに、状況が変わったのか、変わらないのか、という問題が出てくるわけです。

ポリツァー　南部先生と同じ答になりますが、違う面から説明しますと、物理または科学をする場合に、数量的にとらえられるのは何なのか？　これが今まさに課題だと思います。どんな考えや仮説や理論が数という形で検証できるのか？　量子力学のシステムの中でも、数量的に測定でき、議論できる側面はある。

中にはその反対に数ではぜんぜんとらえられないものもある。「粒子」というと、どうしても「もの」としてとらえてしまうので、数えられないのは奇妙に思われるかもしれないけれど、量子力学的にはあるひとつの粒子が、ときにはふたつになったり三つになったり、ということもありうる。だから粒子がいくつあるかってことは禁句《タブー》だと教わるわけです。（笑）

まあ、ほかにもいろいろの問題があるけれど、基本的には、量的にとらえられるもの、数に還元できるものは何だろう、と探していく。それが本当に理解できているかどうかの試験でもあるし、理解するとはそういうことだと思います。

説明が何で成り立つかは大変むずかしい問題で、われわれ科学者同士でさえ、どんな記述的

な説明または絵による説明なら成立するのか意見が一致しないのです。けれども、方程式からある解が導かれたときには、意見は必ず一致するはずだし、ひとつの説明として成り立つ。もちろん「数学」という言語を知らない人にとってはまったく不可解なものに映るだろうけれど。でも本当に数学は言語です。そして数学というものができた背景には、何らかの真理、絶対性が潜んでいると思います。

数学には固有の純度があって、それ故にひじょうに便利な道具であり、その応用の過程においてさまざまな問題点も出てくる。今年やっていることが来年になったら全部間違っていた、ということも起こりかねない。今度の会議でもそれに近いことがあって、過去の多くの間違った実験や理論が全部整理され、解決しました。方程式という数量的な表現にはひとつの価値があると思います。しかし数をどうあてはめるかは、ひじょうに人間的、社会的、心理的かつ歴史的な側面を持っていると思う。

確率の世界で時計を信用できるか?

松岡　お話はよくわかりますし、同感です。ただ、量子力学では確率振幅によって粒子のふるまいを見る、ということがありますね。さっき言ったような、数をペタッとくっつけて素粒子

の数を数えるということはもちろん不可能だから、確率的な解釈をしていくわけです。その場合、時間という、やはり自然数から成る尺度、時間系を使っている。たとえば一秒、二秒、三秒という……単位はもっと短いでしょうが、そういう揺ぎないひとつのスケールを置いてしまっているのではないか。

南部　時間がひとつの絶対的な意味を持つかという質問ですか。つまり時計というものを信用できるか。一定の信頼すべき時間系の中で、確率が問題にされることですね。

ポリツァー　確率というのはちょっと不思議な言い方なんです。というのは、われわれは実験室では何回にも分けて違う時間にやったことを、後になって一緒にして比較するわけです。これは物理を教えるたびに考えるんですが、未だによくわからない。物理をするときには考えないですけどね。

結局、時間のさまざまな特徴のうちで、何が想定され、何が演繹され、または試験されているのか、ひじょうにむずかしい問題です。われわれは現象の中で反復しているように見えるもの、周期的なものを探している。ところがある意味では、自然の中で、もといた場所に戻ってくるものはまったくない。時間をひとつの次元ととらえれば、常に先へ先へ進んでいくわけですから。しかし一方、周期性も、やっぱりある。その場合に、ちょっと説明しにくいけれども、より良い時間の標準《スタンダード》を求める方法がある。初めは地球の自転とか公転を基準にしてみて、次

にはもっとほかのもの、たとえば振り子の振動をとりあげる、というふうに。ふたつを較べて、いい方をとるわけです。ふたつの進み方の違う時計があって、どちらをとるかは微妙な問題なんだけれど、それを判断する方法はある。

測定することができ、定期的に刻んでいく「時間」が前提とされます。その方法は、ちょっとアメーバの歩き方に似ていて、知っていることを使いつつ、少しずつ自分を延長させていく、という具合です。で、時間標準とは何かという技術的な話は省いて、歴史的な観点から話しますと、その後精確さがどんどん追求されてきた。途中、地球や惑星の動きには若干の不規則性があることもわかってきた。基本となる仮定、実際上の概算、検証可能な観測、そうしたものが複雑に組み合わされた結果、決められてきたのです。

原則にこだわらない中国天文学

南部　中山茂が中国と日本の天文学の歴史について書いた『日本の天文学』という本を読んだのですが、その中ですごく驚いたのは、中国人がひじょうに正確に日蝕を予測する方法をあみ出していたことなんです。まったく経験的に、たくさんのパラメーターを使った公式を立て、何度も観測を繰り返しながらそれを改良していった。それでかなり正確な公式ができたんです

ね。それも、あくまで長い年月の間の経験に基づいてであって、決してある原則から導き出すことはしなかった。その時代の中国人は、惑星の運動やその幾何学的配置に関する全体像を持っていなかったわけだから。

もうひとつ驚いたのは、彼らは観測結果に照らして、それまでの仮説を変えることにはまったくやぶさかでなかった、ということです。時間の長さ、つまり単位を変更することすらしたというんです。これは驚くべきことだと思う。(笑)やっぱり西洋の考え方には絶対時間があるかもしれませんね。その反対に中国の例のように、純粋に経験的で現象に基づくアプローチをした場合には、一年の長さが毎年変わるということすらある。

ポリツァー 現象を観測して、それに合わせるために公式を変える、ということですね。しかしそれにしても、時間の概念がなければできないでしょう。時間を測るには、数を数えるのとは違って、測る対象である時間そのものを知らないといけない。直線でも円でもいいが、時間というものの概念をもっていないと……。

南部 西欧科学では、常にある原理から出発して進んでいくという基本的な姿勢がありますね。そして本当の意味での矛盾にぶつからないかぎり、原則を捨てるようなことはしない。間違いであることが証明されないかぎり最後の最後まで原則を貫こうとする。ところが中国では、そうではない。確実な原理なしでスタートするわけです。

ポリツァー　われわれだって原理が見つからない場合に、いくつかの可能性に依拠して出発することもある……。

南部　それはあります。ただその場合でも、背後にある原理を発見しようという意識が働くでしょう。そこが違う。中国の場合、現象のうしろに隠されている原理を見出そうという意識が皆無なんです。

ポリツァー　彼らにとっては日蝕だけで十分で、それ以上は知りたくなかったのかもしれない。

南部　日蝕というのはもちろん、政治的にも社会学的にも影響力を持つことですからね。

ポリツァー　どんな社会でもそうですね。太陽が欠けてなくなる、これは恐怖以外の何ものでもない。

東洋と西洋で基本的に違うと思うのは、西洋の科学者にとってはすべてに説明があるということです。もちろん簡単なものからすごく複雑なものまであるけれども、私が頭の中で今何を考えているかということまで含めて、機械的に説明のつかないことはないはずだとしている。

脳を、複雑な回路を持った大きなコンピュータみたいなものととらえるのが現在の作業仮説だけれども、もちろんそれには欠点もある。それだけではどうしても説明のつかない問題もでてきて、その場合には違う観点も導入しなくてはいけない。科学にさまざまな観点が内包されていなければならない必要性がそこにある。だからこそ科学にいろいろな分野があるし、みん

ながみんな素粒子物理学者ではないわけですね。クォークにいくら詳しくても、それで細胞生物学やら有機化学に説明をつけることはできない。クォークの方程式で、生命体の活動を予測することが可能になると思っている人は、まずいないでしょう。やはり人間の一生は限られているし、一度に考えられることも限られているということじゃないでしょうか。

対称性への希求が生んだ相対性理論

松岡　われわれが時間系を任意に選べる自由を持つことが大事だと思います。いま、ヨーロッパでは常に合理的な方法で解釈を求めてきたという話がありましたけれど、ライプニッツなんかは時間に関して、事態が次々に起こっていく順序そのものが時間であって、それ以外に時間はないと言っていますね。太陽の運行とか惑星の運行から時間系をとるのもひとつの方法ではあるが、それ以外にだってあってもいいじゃないかということでしょう。極端に言えば、ネコが起きたり寝たりするのをひとつの時間系と考える人がいてもいいんじゃないか。そういう自在な考え方が必要だと思うんです。

ポリツァーさんが、量子力学をやっていらっしゃるときに使う時間系は決まっていると思うけれども、日常生活では何を基準にしていらっしゃいますか。やはり太陽の運行でしょうか。

ポリツァー　むしろ、ネコの動きの方……！（笑）

松岡　たとえばリンゴを食べるときには、消化器系の時間というか、生物時計をもって食べるということもできる。日本語には「腹時計」ということばがあるけれども。（笑）

ポリツァー　まさにその通りですね。実は今度日本に来て、時差が八時間あるものだから、この二週間ぜんぜんおなかが空かないんですよね。腹時計がすっかり狂ってしまった！（笑）食べなきゃいけないんで、食べることは食べていますが。

松岡　今みたいに自分の「時計」をなくされた時に、量子力学の実験をやってみたらどうでしょう。うまくできるでしょうか。

ポリツァー　ええ……いや、できないかもしれない。（笑）個人的にはちょっと無理でしょうね。まあ、私自身、実験の専門家ではないということもありますけど……。自分の時計をなくしちゃ、まず働けない！

十川　ファインマン・ダイアグラムというのがありますね。あれはどうも、物理学者が時間から自由になりたいために発想された気がするんですが。

たとえばβ崩壊でしたら、中性子が崩壊して電子と陽子と反ニュートリノを出す。その相互作用を一望のもとに見たい、時間の序列を任意にしたいという願望があってできたのではないでしょうか。

南部　そうですね。それと、アインシュタインの相対性理論にしても、同じような性格を持っていると思います。一般相対性理論にしても特殊相対性理論にしても、四次元の世界を想定しますね。四次元をひとつの静止したものととらえ、どこかへ動いていくものとはとらえない。時間のファンクションを加えることで、過去から未来までを一望のもとに見ようという衝動があると思います。

ポリツァー　一種の対称性《シンメトリー》に対する希求と言ってもいいでしょうね。対称性の基本的な役割は、最初べつべつのことだと思っていたのが、同じものの部分または側面にすぎないとわかることでしょう。

われわれが扱っている世界では、量子力学と相対性理論が組み合わさっていますね。初めはまったく違う現象のように思われたこと、つまり今われわれがいる空間――時計が時間を刻んでいる空間――では違うとしか認識されないことが、時空の対称性が了解された途端に対称性をもつ。バラバラにしか見えていなかったことが、同じものの側面だったことがわかってくる。

だから先ほどのファインマン・ダイアグラムのおもしろい点は、ダイアグラムを九十度回して時間軸と空間軸を逆にしてみた場合、それまでとはまったく違うように見える現象が、そこに記述されうるということなんです。

南部　前に西洋と東洋の考え方の違いというのを指摘しましたね。西洋では天地創造があって、恐らく世界の終末もあり、その間で時間が進んでいくと考えるわけです。それに対して東洋では、ものごとはすべて永遠であると言う。ひじょうに静的《スタティック》なとらえ方をする。初めから終わりまでをいっぺんに見渡す。そうするとアインシュタインは、一種東洋的な傾向を持っていたとも考えられる。彼の世界観は静的な像であって、何か発展していくものとしてはとらえていないんですね。ファインマン・ダイアグラムも同じような意味あいを持っていると思います。

ポリツァー　科学に関して言えばそうだと思います。しかし活動のあり方としては多少異なる。一方で中国人は日蝕を予知するための公式を一生懸命つくりあげましたが、かれらは日蝕を既成事実として受け入れていた。その点、西洋人はもっと積極的、攻撃的だという気がします。自分自身の進歩が現実的な問題なんです。われわれ物理学者同士のあいさつでは、「何か新しいことはないかい?」「最近何やってる?」ということが常に聞かれる。

南部　仏教ではね、変化するものは何もない、と言うんですよ。

ポリツァー　社会学的な面から言ってもコントラストはありますね。私の同僚にもインドの人が

いて、よく話すんですが。たとえばヨーロッパやアメリカでは、物理学者は絶対に過去の栄光に甘んじることができない。とくにアメリカでは、やった研究にはもちろん敬意が払われるけれども、その後何もしていないとすると、「あの研究は確かに立派だったけれど、彼はその後何もしていないじゃないか」と必ず言われてしまう。それに、誰が活発にやっているかも実によく知れわたっている。結局、何かを生産していないとダメなんです。ある特定の個人が成し遂げた偉業であっても、数ケ月後にはみんなの共有財産になってしまう。ですから常に、今何をやっているかが問われる。この意味で、時間的な進化がひじょうに強く意識されていますね。

南部　アメリカではそのとおりだと思うけれども、ヨーロッパは少し違うかもしれない。一度教授になってしまえば、一生安泰なわけだから。研究をまったくやめてしまったってかまわない。ヨーロッパの伝統かもしれませんけれどね。

ポリツァー　まあヨーロッパにしてもアメリカにしても、アクティヴな人たちはそれをすごく意識していますね。アクティヴと言っても若い人ばかりでなく、年配の人も多いですし、そういう人たちは、自分のことばかりでなく、誰が今、何の研究を進めているかをよく知っている。批判的な意味でなく、才能のある人が何かの理由で研究をやらなくなってしまうのは残念だと思いますね。

南部　そう、ニュートンも、さっき話したように一生研究を続けたわけではなく、まったくや

めてしまう時期がずい分あった。

十川　外見からは何もしないでボンヤリしているように見えても、内面的には進んでいることもありますでしょう。

南部　確かにそうなんですが、アメリカでは毎年毎年新しいものを出していかないと、評判も落ちるし援助も受けられなくなってしまう。必ずしも良いことだとは思いませんがね。「発表しなければ絶滅する——publish or perish」とまで言われている。(笑)

ポリツァー　私がこの問題を持ち出したのは、科学を実践している人々の時間感覚を、良し悪しは別にしてわかってもらえたらと思ったからです。われわれもプロセスだし、科学とか、知識とか、生命とかいうものは静的《スタティック》ではなく、それ自体がプロセスである、という認識の上に立っている。それが言いたかった。

松岡　そうですね。われわれはもともと非周期的結晶としての量子生命流という奇妙な時間の束の中にいるのですから、この全体的時間系をいつも相手にしていたら、とてもフィジカル・イメージを結像するわけにはいかなくなる。流動平衡の中でそれなりの一定の時間を仮想するしかない。……というわけで、僕はちょっと予定がありますので、お先に失礼します。(笑)

6

「崩壊」がなぜ「力」なのか？

――閉じ込め理論の意味するもの

力学のルールと表現の無限進行

十川　現代物理はこれまでの歴史を背負った概念を取っ払って「クォーク」とか「チャーム」とか言っているのに、あいかわらず「粒子」や「力」というものに頼っている。これは、そろそろ変わってきてもいいんじゃないかという気がしますが、やはり力学的世界観は欠かせないところなのでしょうか。

ポリツァー　言葉としては昔ながらのものを使っていますが、概念の方はものすごく変わっています。現在言われている「粒子」というのは量子力学的な粒子で、ときには分裂もするし、また別のところで現われたりもする。それでも粒子であることに変わりはありません。ただ便宜上、同じ言葉を使っているにすぎないと思うのですが。

しれない。

南部　コミュニケートするには言葉を使わざるをえないですから、これは避けられないのかも

ポリツァー　連続性がないでもないし……。

南部　そう。概念はたしかに変わりますが、まるっきり断絶しているわけではない。徐々に変わってきている。

ポリツァー　学生のころ、「弱い力」って何なのか、ぜんぜんわからなくて困ったことがあります。誰だったか、「弱い力」の唯一の例としてあげられるのは「崩壊」だというんです。つまり、何かが壊れていくことだと。「力」はふたつのものの間に起こることですから、「崩壊」がなぜ「力」なのか理解できなかった。現代的な意味での「力」だったんですね。

南部　ファインマン・ダイアグラムを考えればいい。（ホワイトボードに向う）

つまり、「力」というのは、ふたつの粒子が散乱することです。ふたつの間にはたらく力ということで、この場合のように、反発しあうわけです。ところが、これをひっくり返すと、前の部分が消えて、新しいのが現われる。この場合もやはり、ふたつの間の相互作用と呼ぶんですね。

ポリツァー　ときにはひとつが入ってきて、三つが出てくることもある。

南部　そのとおり。それも「力」と呼ばれる。ひとつの粒子が三つに崩壊する場合です。

十川　ファインマン・ダイアグラムを見ていますと、作用点ということで発想しているのがひじょうにおもしろいと思うんですね。あの三つの矢印のところで、何かが起こっている。「事件」を記述するという意味の図形としておもしろい。ところが、せっかくそう発想していながら、相互作用を「力」と呼び替えてしまう。「力」を「粒子」と言い、さらにその「粒子」の「量子数」と言っていく。逆戻りじゃないかという気がするんですが、どうなんでしょう？

つまり、相互作用を新しい言葉で表現する方法が考えられてもいいのではないか、ということですが。物理的表現として、もう一回粒子に戻して、その粒子の量子数と言っていかないと、統一的な像が結べないのかどうか。このままだと、またその粒子と次の粒子との相互作用、そして新しい粒子がまたつぎつぎに出てくる……。さっきのボームの話ではないですが、悪無限といいますか、無限に進行してしまう。

南部　でも多くの場合、選択則というものがありますけどね。つまり、粒子の数は変わっても、勝手に変わりうるわけではなく、量子数が保存されるような反応しか許されない。

（ボードの図を指しながら）このふたつのことですが。これを多数の粒子ととらえるべきでない、そういうことでしょう？

十川　そうです。その相互作用自体からまた新しい粒子が出てきてしまっている。

南部　これプラスこれ……。そうですね、たしかに問題はあります。おっしゃるとおりかもし

れない。でも、それは量子力学の原理についてまわるものですよ。それで自己エネルギー、なんていう問題もでてくる。

ポリツァー　自己エネルギーだけじゃないですね。われわれが解けないでいるあらゆる問題の元凶ですよ。あらゆることが同時に起こってしまうという事実。しかも、ダイアグラムは起こっていることがら全体の一部しか表わさない。電磁力学的な側面しか表わしていない。ダイアグラムがシンプルであればあるほど、真理に近いというか……。

南部　そうは言っても、このプロセスの一部は実際に起こっているんだし、観察もできる。ルールに従って計算すると、プロセスの効果の一部は本物としてうつる。ルールを替えるわけにはいかないでしょう、間違った答がでてくるんですから。

ポリツァー　十川さんの質問を根本的なところで誤解しているような気がするんですが……。どういう質問だったのかな？

十川　いや、誤解じゃありません。学生でいらしたころの疑問とだいたい同じですよ。あの相互作用というもの、事件が起ったということを「力」と呼び替えたのは、どうもおもしろくないんじゃないか、ということなんです。(笑)

ポリツァー　あれがどうして「力」なのか!?

十川　そう、なぜ「力」と呼ばなければならないのか……。

 From the interaction itself, you're getting new particles.

ポリツァー　どうしてかといいますと、たまたま「力」と呼ばれていることがらが、こうした図形で精確に記述することができるからですよ。しかも、それでさらに新しい現象も記述できる。中には、電気が引き合ったり反発し合ったりすることが、ひじょうにうまく記述できるものもある。こうした図形や理論は、今、たまたま「力」と呼んでいる、ほかのいろんなものの存在も示唆してくれる。ファインマンでさえ言っていることですが、ここで数学が重要になってくるわけです。図形は、特定の数学的表現を想起させるもの、記憶装置みたいなものです。内容的な意味でのみ、図形は粒子と対応し、数学と対応する。ある特定の状況の下でしか、粒子的な解釈はあてはまりません。図形をあまりナイーヴに解釈するとパラドックスにおちいりますよ。数学は首尾一貫していて、パラドックスが含まれていないことになっていますからね。

クォークがゲージ理論と出合うまで

十川　ゲージ理論は、クォークという発想とは独立に、数学的にでてきたものですよね。それがうまくドッキングした不思議をどうお考えになりますか？

ポリツァー　まったく偶然ですよ！

南部　そう、それは実にいい質問だ！

十川　リーマンとアインシュタインの例みたいなものだったんでしょうか？

南部　いや、リーマンとアインシュタインの場合は、同じ問題を扱っていますからね。ここでは、ふたつの別個の問題がある。クォークはいかにして相互作用するか。そして、そこには別の媒介物《エージェント》が介在する。つまり、クォークが力を生むわけじゃない。

ポリツァー　最初のゲージ理論は、そう呼ばれる以前から存在していた。電磁力学よりさらに前だ。マックスウェルの方程式は、われわれがゲージ理論と呼んでいる特性や対称性をすべて備えています。電磁気に関するマックスウェル方程式にある対称性の一部が、このごろになってようやく認識されるようになったわけです。一九五四年、一部の物理学者――ヤンとミルズ（オハイオ州立大教授）――が電磁気学の一般化にはじめて成功した。こみ入ってはいましたが、もっとしっかりした構造をもち、しかも対称性のアイデアを組み込んだゲージ理論を使っていました。この理論の数学的なしくみを理解するだけでその後二十年かかったし、数学を物理学に応用する方法もわからなかった。数学には真理も論理もあるから、物理学を記述するには好都合なんです。数学は成長する学問で、新しい数学が年々発明されています。ゲージ理論もそのうちのひとつです。

　物理学への応用は、数学がもう少しよく理解されるまで待たなければなりませんでした。あの二十年の間に、この新しいゲージ理論の数学について研究が進み、もっと一般的な対称性に

関する理解も深まった。いろんな人が、物理への応用を模索しましたけれど、中には実を結んだものもあるし、消滅してしまったものもある。

南部　ヤンとミルズがあの理論を出したときプリンストンにいたのでよく覚えていますよ。みんなあまり本気にしませんでしたけどね。

場の三成分の完全なシンメトリー、すなわち厳密なアイソスピンのシンメトリーが必要なのですが、それは現実には成り立っていませんからね。だから、「何の役に立つんだ?」って思った。この理論では三つの成分の完全な対称性が要請されている。ところが、たとえば陽子と中性子はほとんど同じですが、厳密にいうと質量が違うんですね。だから現実とは関係ないと単なる数学理論になってしまうんです。

もうひとつの大きな点ですが、ヤンとミルズの場は、クーロン場とか重力場のような長距離力の場であるということが指摘された。いわゆる強い相互作用、粒子間の相互作用は、このタイプではないんですね。

ところが、前にも言ったプラズマの例がありますが、もともとの理論には長距離力の場しかなくても、プラズマにおけるように、遮蔽された場は短距離力になる。だから、この粒子を特別な媒質の中におけば遮蔽が起こって、長距離力という性質は消えてしまう。理論にこの要素を加えてやらなければいけない。この点が理解されるまで、ヤン－ミルズ理論は特別意味があ

るとみられていなかったわけです。

科学者の頭の中の事件

十川　「対称性の自発的な破れ」と最初に言いだしたのは誰ですか。「破れ」てもよろしい、という意味で使っていらっしゃるのでしょうか。

南部　「破れ」ね。さあ、どうでしたか……。この概念を意識的に適用しようとしたのは私です。……というより、理論に表現を与えたといいますか。

さかのぼれば、もちろんハイゼンベルクも似た考えをもっていたことになります。彼の場合、理論の適用までは意識していませんでしたが。

十川　破れてもいいのではないかと思われたきっかけは？

南部　はじめから破れてもいいと思ったわけじゃありません。

ちょうど、バーディーン、クーパー、シュリーファーの超伝導性に関する理論が話題になっていたころで、それによって、超伝導性の問題が解けたんですね。で、その理論のなかに、自発的破れという概念が含まれていた。彼ら自身はそれに気づいていなかったようですが、背後にあったんです。そこからヒントを得た。

十川　そのあたりをもう少しお聞かせいただけるとおもしろいんですが。スケールが違っているところでも、やはり同じ現象が起こっているということ。発想が違うレベルにも適用されることについて……。

ポリツァー　さっき話にわり込もうとして考えていたことがそれです。つまり、自然の特性とか自然の統一性を示しているのか、それとも、人間がまわりの世界の構造《モデル》を創ろうとするとき、人間の側の不足を反映しているにすぎないのか、それがわからない。世界とそこで起こっている事象を理解するために、われわれは特定のモデルなり道具を使っています。

自発的破れは科学者が構築したもっとも高度な概念のひとつで、われわれはあらゆる場面でこれを適用しようとしている。中には、それがある種の理解に導き、眼前の現象を単純化してくれる場合もあります。疑問の数を順々に減らしていって、より基本的な疑問へ向かわせる。しかし、だからといって、それが明らかに自然の統一性を示すもの、つまり人間の活動としての科学を越えた抽象であるというふうには飛躍できませんね。

大学でトポロジーの勉強をしていたころのことですが、面白半分にこれを応用してみたところ、物と物の関係を分類するというだけの面でも、ずいぶんたくさんの応用法がみつかった。哲学のコースで提出する論文でしたけれど、トポロジーというのは、複雑な関係をより精確に、より慎重に記述する方法なんですね。

十川　人間の本性として、簡略化に向かいたい、あるいは単純性を愛する心性と、現象がどんどん豊富で複雑なものになっていく方法をあくまで追究する心性とがあって、いつもこのふたつが争っていると思うのですが、そのバランスはどうお考えになりますか？

南部　複雑とおっしゃると……？

十川　クォークという発想自体が単純性を求めて出されたわけですよね。にもかかわらず、微細に究めていけばいくほど、やっぱりこのコンセプトが必要だ、いやこれも必要だという具合に増えてしまう。それがずっと繰り返されているといえないでしょうか。

南部　まあそうですが、自然がそれほど単純ではないということでもあるんです。(笑) 単純化しようとするのだが、自然はそれで済むほど単純であってはくれない。

ポリツァー　複雑だということは、一方では、思っていたより複雑だった、つまり、それまでの考え方が間違っていたことを意味します。でも、これは持ちつ持たれつの関係なんですね。脳自体が有限だから、単純化しないと外に延長していけない。一度に全部を頭の中に収めきれないから、先に進むためには単純化しなくちゃならない。そういう類の単純化は、ひじょうに実用的価値が高い。現時点でわかっていることがらをまとめてくれるし、さらに次の疑問に向かう余裕もつくる。

南部　自然にそういう位相がいくつもあるというのは、もしかしてわれわれの脳の構造のせい

かもしれない……いや、どうかな……。

ポリツァー うーん……そう言えなくもないですね。われわれのとり組み方にも関係があると思いますね。テクノロジー、人間の体の大きさ、それとわれわれの脳との関係……結局、対象と時系列的にとり組むしかない。

南部 たしかにそうだが、そういうのよりもっと客観的な、ある種の物差し《スケール》だってあるでしょう? それに世界は連続したスペクトルじゃない……。

ポリツァー もちろんです。でも、歴史的にみていくしかないんじゃないですか。これを議論するとなると歴史を変えなきゃなりませんからね。

どうなんでしょうね……人間にもし、世界の基本的なしくみに関するもっと深い洞察力があったら……。

段階的にあるものを連想していくということは、歴史的に、順々にひと皮ひと皮むけていったことと、事実、関係があります。物質がより小さな単位で構成されていることがわかっただけじゃない。われわれが、ある順序で物質を分解し、その順序で理解していったということとも関係がある。客観的なスケールはあります。……でも、それも繰り返しがあるでしょう? スケールが大きくなっている。そして、それが大きくなると物質は連続したものと映らない。小さなかたまりの、そのまたかたまりのかたまり、という具合に見えるわけです。しかしこう

いう見方だって、この順序で発見したからそう見える。発見していった順序と、その対象の見え方は明らかに関係ありますね。

クォークの物理的リアリティと閉じ込め理論

南部　複雑さには、もうひとつの側面があります。つまり、宇宙全体で10個の粒子しかなかったとしたら、現象はもっと単純なはずです。ところが、現実に10^{20}個の粒子をいっしょにすると、ぜんぜん予測もしなかった新しい現象が起こる。素粒子に関するシュレディンガー方程式を書いたところで、10^{23}のエレクトロンとプロトンをいっしょにしたら何が起こるか、なんてことについては何も教えてくれない。

十川　ミクロの方に向かう閾値、つまり人の知覚のバンドみたいなものがありますね。知覚にとってはこれ以上せめられない。私たちが認識するかぎりでは、ここでおしまい、極まってしまうという問題がありますが、クォークの閉じ込め理論は、これ以上せめ込むのはやめよう……そういう発想から出たものではないんですか？

ポリツァー　昨晩のテレビ番組でシェリー・グラショウは「おそらくそうだ《メイビー》」と言ってましたけどお気づきになりました？

教育テレビで『宇宙を解く鍵』をやっていたんです。何気なくテレビをつけたら、ゲルマンがクォークについて話していた。とても奇妙でしたね。その番組でグラショウが指摘したことですが、つまり、クォークが永久に閉じ込められていて、取り出せないとすると、これはもしかして、われわれが行きつくところまで来てしまったという、自然の側の信号《シグナル》ではないのか？クォークが何でできているかを問うても意味がないのかもしれない……そもそも、分析の対象となるようなクォークがないんだから、そういうことですね。

しかし、これは研究をやめるべきだという話にはならないと思うんですよ。研究のための道具はあるんだし、それがもっと洗練されたものになれば、もっと微細な距離まで究めていくことができ、たとえ間接的であっても、クォークに「大きさ《サイズ》」があるのか、問題にしていけるはずでしょう？

奇妙なことに、クォークは取り出せないにもかかわらず、サイズが有限でゼロでないという、クォークのサイズに関するはっきりした定義がある。しかも空間的な広がりをもっているかどうかを試す方法も考えられる。いまのところ、クォークは広がりをもっていないとされているのですが、これからの実験でこれも変わるかもしれません。現行のゲージ理論で数学的に書き下すときには、クォークを点であると仮定して、この理論から出てくる予言を実験と較べるわけです。予言からはずれるものがあれば、理論が間違っていた、クォークは基本粒子でも点で

もなかった、ということになります。

南部　ゲルマンがクォーク理論を初めて言い出したときと較べて人々の見解も変わりましたね。彼は慎重で、クォークというのは数学的なシンボルにすぎず、それ以上のものではないかもしれないと言っていました。でも、わたしはクォークの概念をただの数学的シンボルとかアルゴリズムとみるのにはいつも不満でしたよ。ポリツァー君が学生だった頃、クォークに関する一般的見解はどんなものでした？　実体的な粒子と見られていたのか、それともただの数学的シンボルとして？

ポリツァー　実体的な粒子と見られていたようですよ。クォークというものが数学的なつくりものだという見方を……つまり、われわれはひじょうに抽象的な意味にとったのです。これをひっくり返せば、永久に閉じ込められたクォークっていうのは、そんなものかもしれない。単に数学的であっても、はっきりとしたリアリティを帯びてくるんですね。

当時、ゲルマンが言おうとしていたのはこういうことではないでしょうか。基本表現にあたる粒子がなくとも、対称性が自然界で実現していると考えてもいいわけです。基本表現をまったく数学的な意味にとるということです。三つのクォークには物理的リアリティがぜんぜんなくて、自然界はオクテット（八つ組）としか見えないのかもしれない。

いまは、クォークが永久に閉じ込められているのであっても、核子と電子の散乱における三

粒子性、つまり核子が三つのクォークを含むということには物理的リアリティが認められると思います。たしかに空間と時間を占めている何かがある！

南部　そうです。クォークがエネルギーと運動量を運ぶ。

ポリツァー　何らかの実質があるものという意味でリアルだった。それでみんな探したわけだし、みつかるものと思っていた。

ファインマンのパートン模型《モデル》

南部　そういう流れに変えたのはファインマンのパートン模型《モデル》ですよ。たしかにうまくいった。

十川　パートン模型《モデル》とはどういうことですか？

南部　プロトンとハドロンを、ごく一般的な意味でたくさんの部分から成り立っていると考える。これをクォーク・モデルと関連づけるわけです。クォークがその部分部分にあたる。……ファインマンは初め、それがクォークだと絶対認めようとしなかった。

ポリツァー　スタンフォードのリニア加速器でやったいくつかの実験の話ですが……。二マイルもあるやつで、飛行機の上からでないと見えないというしろものです。一方から見ると、ただただパイプとワイヤが遠々続いている。プロトンの構造を探るために電子を加速してプロトン

に衝突させる装置です。実験をやってみたところが結果はひじょうに意外なものだった。その謎を実にユニークな方法で説明してみせたのが、ファインマンだったんですね。陽子の中には堅い小さなものが詰まっていて、そこから電子がはねている。その陽子の中の堅い小さなものを彼はパートンと名づけたわけです。いま考えると単純なことですが、発表された当時は、実験結果の解釈としてはラディカルな新しい見解だと思われた。

当時のことははっきり覚えていますよ。陽子が広がったものだとわかって、とてもエキサイティングだった。陽子はある意味では「大きく」て、点ではなくてある延長をもったものだとされていたのですが、ただ中身が一様で大きなものではなく、明確に区別できる部分で成り立っている。これがスタンフォードの加速器で初めてファインマン流の解釈にのっとって実験された。同じ実験結果でも、数学的に同等な理解の方法はいくつでもありうるので、ファインマンのが普遍的に受け入れられるまで数年かかった。ひじょうに魅力的な解釈だったし、その後に開発された数学的な理論ともぴったり符合したので、だんだん人気を博するようになったんです。そのあたりが実に微妙なんですよ、物理の世界では！

7 物理学者の臆見

——何気なくやってくる「漸近的自由」

ファインマン流クォーク研究法

十川　ファインマンは去年の秋、啓示があってクォークをやっと認めたという話を先日ポリツァーさんからうかがったのですが……。

ポリツァー　ああ、ファインマンがクォークばかりかゲージ理論まで認めたという話ですね。去年の秋、私がカリフォルニア工科大にやってきた頃まで、ファインマンはずいぶん懐疑的だったようです。具体的な数字も予測もないと感じていた彼としては、ゲージ理論を信ずべき理由は何もなかった。彼はそれを実にあからさまに言ってしまうタイプでね。(笑)……ところが、去年の秋、私が彼に教えたというより、彼の頭にもついにひらめいたようなんですよ。私がそれまでやっていたこと、また、やろうとしていたことが、πや3や負のサインが出てくる、ま

るっきりの計算で、実験のための予測をしていただけだということが。彼も実際に計算できるとわかったわけです。もちろん、陽子の質量とか磁気能率とかいろいろ計算できないこともありますが、たとえばパートン模型《モデル》の補正など計算しようと思えばきりがないほどいろいろなことができるし、終局的には、任意な精度まで究めることもできる。それでファインマンはひじょうにのったのだけれど、一貫性のある理論をつくるまでには至っていない。

言い換えると、計算のためのアルゴリズムはふたりとも了解しているけれども、正直言って初めのところでどう始めるべきか、いかにして一貫性のある像にまでもっていくか、それがわからない。決してあいまいではないアルゴリズムがあるので、ふたりとも自信はあるんですが。ふたりとも計算で同じ断面積を出すんです。ところが、われわれがいったい何をしようとしているのか、どうやってもゲルマンに納得のいくように説明できないんですね。(笑)

ファインマンは、いま、スタートを切るしっかりした土台を探しているところです。私も、始まりがどこなのか見当がつかない。でも、そこがファインマンと私の違うところですね。彼にはその土台をさがす余裕があるけれども、私は断面積を計算している方が性に合っている。どうせいつかは計測されるんですから、先に計算してしまえ、という気になってしまう……。

南部　彼には中世の騎士《ナイト》のようなところがある……。

ポリツァー　ちょっと話はもとにもどりますが、彼はものを説明するにはとても手ごわい相手で

 Feynman has sort of a cavalier way about him.

すよ。自分が何をやったかを話したとしますと、彼はパッと出て行って、彼なりにそれをやりなおすんです。日本に来るにあたっては、いろいろなアドバイスをしてくれた。二十五年前に来たことがありましてね。日本も当時からずいぶん変わったと思うのですが……(笑)

南部　どんなアドバイスをしてくれました？

ポリツァー　そうですねえ……。泊まるときは必ず畳敷きの部屋にしてもらうようにとか……。積極的に冒険しろ、とかね。

ファインマンの代理だったフィールドの講演もすばらしい内容でしたよ。あれ以上のことはファインマンも言わなかっただろうと思います。ただ、やはりファインマンの方がエンタテーナーとしては上ですね。というより、かれは最高のエンタテーナーですよ。同じ実験結果と同じ物理学的な結論を述べたでしょうけどね。しかし、フィールドが発表できてよかったと思いますよ。強い相互作用の問題にQCDを使っていることの研究過程について、会議のほかのセッションではあまりはっきりした説明がありませんでしたから。

物理学者の戦場と情報の洪水

十川　会議のなかで何かチャレンジングなテーマは出ましたか？

南部　新しいものはありませんでした。だいたい予測される範囲です。

ポリツァー　告白しますとね……物理学をやるタイム・スケールはひじょうに小刻みで速い。だから郵便でコミュニケートしあうんです。それも相当大々的に。論文を書くと二、三百部のコピーをつくって世界中にばらまく。

何か新しいことがあったかと言われますと、たしかに二、三はありました。ありましたけれど、今回の場合、実験の最終結果だけですよ。理論的な面で言えば、すでに読んだり聞いたりしていたものばかりです。

会議では、自分と似たような問題に取り組んでいる人に直接会えるのが楽しみですね。話しあって、相手の仕事に関して疑問に思っていたことなどをぶつけてみたり……やりとりがおもしろい。会議の実質的なアクティヴィティの多くはロビーで行なわれるんです。

南部　いつもそうですね。ホテル側の人が感心していました。医者の学会などに較べるとずいぶん違うと言って。歓迎のあいさつが終った三分後にはもう本題に入っている。六日間もあんなプレッシャーに耐えられるのかって、不思議がっていました。

ポリツァー　会議の時間外でも物理の話をしていましたね。ロビーでやっているのは社交じゃない。相当にハードな物理学ですよ。議論したり、どなりあったり、そこらの紙を使って書きなぐったり……。みんなひどく真剣ですね。

 The time-scale of doing physics is very short, or very rapid.

南部　そうですよ。物理学の会議は本質的には戦場なんだって医者の友人に話したら、わかってもらえなかった。

ポリツァー　ほかの状況に較べると、物理学者同士が交換する情報の量と密度は相当なものです。会議の終り近くで、物理学じゃなくて、経理的な報告とか機器の問題、国際協力の話になって、ペースががぜん違いましたね。ひどくゆったりした感じだった。

　ところが物理学の話となると、みんな時間が足りないと思ってあせっている。よく言われるたとえですが、消火ホースから水を飲むようだって。昨晩のテレビ番組（『宇宙を解く鍵』）の難点はそれでしたね。テレビ・メディアを使って、しかもテレビの観客に向けたものとしては、情報密度が濃すぎた。あんな「消火ホース」みたいな扱いにはみんな慣れていないはずです。物理学者同士ですと、一時間のうちに、最初の十五分でまるっきり知らなかったことについて内容をきかされ、それがわかったものとして、残りの時間で結果についての話までもっていかれる。これがあたりまえとされている。

素粒子物理学の栄光とロマン

十川　クォーク理論をやっている方たちでひとつおもしろいと思うのは、ゲーム性を自覚して

いらっしゃるのじゃないか、という点です。

南部　真剣なゲームですけどね。

ポリツァー　物理学の活動にはある種のロマンがあると思いますよ。わたしが他の分野じゃなくて、素粒子物理学を選んだことの背景にはそれがありましたね。「ロマン」というか「うっとりさせるような何か」です。栄光ある伝統がある。素粒子物理学をやっている人たちは、偉大な物理学者たちの伝統にあずかっているように思うんじゃないですか？ それが物理学にロマンがあると思わせる理由でしょう。

大学院生によくたずねるんです。「素粒子物理学じゃ職にありつけないよ。もっと実用的なことを勉強したら？」って。でも、どうしても素粒子物理学をやりたいらしい。うまく説明できないけれど、何か根源的なことのように見えるからじゃないでしょうか。

私自身は、物理が楽しいし、やりがいがあると思っているけれど、私が何かすることによって文明が大きな進歩をとげたり、宇宙の神秘の鍵を解くことになるとは思っていない。中にはそう思ってうぬぼれている人もいるようですが……。真剣にやっている人とロマンや幻想を求めている人との違いはそのあたりかもしれませんね。要するに、西欧の思想や知識の急先鋒になりたいのか、それともただ自分にとっておもしろくてしょうがないことなのかということ。

大西洋や太平洋を横断したヨーロッパの大航海者たちみたいなものですよ。ヨーロッパ文明

と経済にとっては重要だったし、あれで大帝国もできたし、ずいぶんひどいこともやった。国王たちにとっては儲かる話だったからあれを支持したし、真剣そのものでしたよね。ところが、大航海をやった本人たちは、ロマンティストだった。未知のものに対する興奮、チャレンジに対する心のときめき、これが大航海にかりたてられた理由だったはずです。

内田　でも、それはロマンティシズムの社会的というか歴史的な側面ですよね。たとえば「漸近的自由」なんていうのに思い至ったこと自体、そういう飛躍をしてしまうこと自体、そこにロマンがあるように思うのですが。

ポリツァー　それはもちろんですよ！　仕事の大部分はひじょうに論理的に、システマティックに、慎重に、やるものですが、その重要な部分には、不条理《アブサード》な、ありえないような、想像もつかないような、そんな要素が必ず含まれています。

物理は言ってみれば不可能なことをするようなものです。そこがいちばんの難関なんです。つまり、同じような問題について思考をめぐらしているにちがいない、ひじょうに頭のいい学者仲間がまわりにいるわけです。考えたけれどわからないとか、なぜそれ以上進展できないか、その理由までわかっているかもしれない連中がいる。……ところが、ある人がパッとやってきて、サラッと問題を解いてしまうんですね。魔法みたいなことが起こる。その後にも先にも、コツコツとまじめにやらなければならない仕事もあるんですが、誰しも論理を超越したような

思考の方法をもっていて、それがそういうことを生む。本当に新しいものがでてくるのもこういうところからです。物理学のおもしろさもそこにある。

でも同時に、こういうことも言えます。誰かがやってきて、「キミが不可能だと思っていたことをやってのける方法をみつけたよ」って言うんです。そういうときはいつも興奮しますね。どうやったのか知りたいですから。ところが、そいつはたいてい間違っている！(笑) 物理っていうのは、ひどくじれったいような、そんな努力の連続ですよ。半分夢見心地か何気なく歩いているときに、何かすごいアイディアが浮ぶことがあるんですが、研究室に戻ってみると、どこか間違っていたことを発見したり、誰かに話してみると一笑に付されてしまったり……。(笑)

正攻法では解けない素粒子物理

南部　ところで……ポリツァー君が漸近的自由を発見したとき、それが実は強い相互作用の問題を解決したんだということを自覚していましたか？

ポリツァー　いや、ぜんぜん！

南部　ぜんぜん？　ただそうなった？

まあ、正面きって問題を解こうとするとなかなか進展しないものですよね。もっとゆったり

した気分で、ちょっとした好奇心で自分にきいてみる。「もしこれをしたらどうなるだろうか」って。すると、ときたま突然に、その何かがやってくる。

ポリツァー　私はよく、ほかの人の問題を解いてやってることがあるんですよ。人が自分の仕事の説明にくるでしょう？　つきあたっている問題についても話しているんですが、私は私で自分のことで忙しいから、気持半分ぐらいで聞いている。ところが、散歩していたり、皿洗いをしていたり、床みがきか芝刈りをしているときなどに、その相手の問題に対する答が突然やってくる。

南部　それがわれわれの分野の違いかもしれませんね。もっと真剣な、たとえば癌とか核融合とかの研究と。

十川　物理学のおもしろさというのは、やはりそこに尽きるんでしょうか。数学理論だけでは満足できなくて、実験もやっぱり待てなくて、何ものかの要請でスッと進んでしまうその勇気といいますか……。

ポリツァー　物理にはいろいろなおもしろさがありますが、素粒子物理学の場合は、その面が分野全体に独特の魅力をそえている。素粒子物理学が一見成功しているように見えるのも、また現実に成功しているのもこのためです。何を解こうとしているのか、最初から決めこんでこなかったおかげで、素粒子物理学はずいぶんいろいろなことを解決してきた。解けることを解け

ばいいのであって、そうすれば自分がどういう仕事をしたのか、はっきり明かしてくれるものができる。

村田　ディラックなどは「自分は幸運《ラッキー》だっただけだ」と言っていますが、あなたも「守り神」みたいなフェアリーがいるんだと言っていましたね。(笑)

ポリツァー　そうですよ！

木幡　そういう謙虚な発言をする物理学者が多いですね。

内田　でも、それは物理学者だけじゃないですよ。稲垣足穂などは脇見する者のみに真実が来臨する、というようなことを言っている。足穂は、物理学にも造詣が深かった日本の作家ですが。

十川　彼は「菫色反応」という、ポリツァーさんの「紫外解放性」(＝漸近的自由)にひじょうに近いことを言っているんですよ。まったく直観的にそう言ったのですが。

どういうことかと言いますと、天文現象で赤方偏位というのがありますね。天体が遠ざかっていくとスペクトルが赤の方へ偏位する。それに対して、もっとこちら側にやってくるものこそ重要じゃないか、そこに投企することにこそわれわれの自由がある、ということでスミレ色の反応と言ったわけです。そういうものこそ、われわれの日常に実現しなくてはいけない。ですから、ポリツァーさんの「紫外解放性」のアイデアを最初に聞いたとき、私はひじょうに感

激したんです。どういうものかよくわからないけれど、すごいことにちがいないと思って。(笑)

言いかえると、こういうことです。つまり、人間はとかく分離する方、分離する方へとつきつめがちですが、これは傲慢なことだと思うんです。そうではなくて、内側に行ってもいいではないか、逆に近くなるほど自由になっていく場があってもいい、物理学的にも。そういう発想がひじょうにおもしろいと思ったわけです。ふつうですと、ほかと違うから自由だ、と発想するのに対して、これは東洋的な感じがする。われわれの考え方で言いますと、似ているからこそ自由だということです。

ポリツァー　西欧では、自由とは選択することにかかわる何かだと考えます。で、選択というのは、違いがあるから選択する。

でも、科学にたずさわること、西欧流の考え方というのは、根本的には常に闘いであり、不足感に抗していくものなんです。行為が重要なのであり、どうせ到達しないんですから、ゴールが重要なのではない。

心の平安というか、一体感というか、究極的な調和あるいはそれに到達する期待すらない。いつの日かそれを達成するとは誰も期待していないんじゃないですか。そういうことがわれわれを待ちうけているのではないと思う。私は行為の目的は、その目標に到達することではなくて、持続すること、過程《プロセス》にあると考えています。この過程《プロセス》が終ってしまったら寂しいじゃあり

ませんか。

8 クォークの将来

——「閉じ込め」は可能か？

閉じ込めが証明されたら……

十川　夜もだいぶふけてきましたので、そろそろクォークの将来について話したいですね。どういう可能性があって、おふたりの立場からすると、どうなるのが正解だと思うかお聞かせいただけませんか。

南部　クォークの将来……クォークよ永遠なれ、ですよ。(笑)エネルギーのスケールがもうひとつ上がれば、いまはわれわれにも想像できないようなエキサイティングなことがおこるような気がします。

十川　取り出す可能性も含めてですか。

南部　閉じこめられていないクォークですか？　それもひとつの可能性かもしれません。今度

の会議の講演でも、クォークの閉じ込めに関する私の立場について、多くの質問を受けました。閉じ込めを数学的に証明するのは、たいへんむずかしい。すぐれた人々でもむずかしい、と言っている。ですから、閉じ込めが証明されたら、そのときこそクォークが発見されたということになる。(笑) まあ、こういう皮肉な答え方をした。

ポリツァー 今後十年ではどちらもおこらないでしょう。いま計画されている実験施設で、システマティックな発展はあると思う。これまで何度か言ってきた物理学上では保守的な考え方になってしまうわけですが。ただ、今日のわれわれの単純《シンプル》な考え方が間違っている、ということを示唆するカギがあるわけではない。ですから、予測、推測でいうと、詳細にわたって予測されていることが確認されるでしょう――一九八〇年、八五年あたりの実験で。問題がこみ入ってますから、途中で混乱や間違いもおこるでしょう。残念ですが、近い将来に知りうることはそんなに多くはない。いまの方向は正しいと思いますけれど。

南部先生も、まったく新しいことが解明されてほしいとおっしゃってるわけでしょう。事実私も、今日細かい点にまでわたって予言されていることが確認されるだろうと期待しているし、これは一般的にもある期待です。たとえば、もっと多くのクォーク、香り《フレーバー》の違うクォークが登場してくるでしょう。そういう期待があるわけですが、新しいものがどんなものか、詳しいことまでは予想されていない。現時点でわかっているものも、なぜこれだけの数があるのかは解

明されていません。リストの数は増えているようです。ここに充分な数がリスト・アップされれば、何らかの規則なりシステムなりが見えてくるかもしれない、と期待しています。

しかし、それで今の考え方が変わるとは思えない。現在の考え方に基づいてなされている多くの予測が、むしろ確証される。くわしい点まで確証されるにはしばらくかかるでしょう——十年ぐらい。その先はまだ若輩の私には見通せない。

十川　ハドロンの新たなバリエーションが発見されたころを振り返ると、もっと大きな困難が予測されますね。クォークでも同じようなことになると思いますか？

ポリツァー　必ずしもそうとは言えません。ハドロンの場合は、ともかくその相互作用がきわめて複雑だったので、発見されたものの数が多くなればなるほど、細かい点でも、ますます複雑なことがわかってきた。反対に、クォークの場合は、発見されたものがふえるにつれて、可能な限り単純なクォーク像というものへの確信が強まってきました。つまり、クォークが次から次に出てきて、そのたびに種類も違う。ところが、新しいものは古いものよりもっと単純になっています。解明もハドロンより容易で、クォーク像がますますかたまりつつある。チャームが発見されたとき、物理学界全体がクォークにとびついた。そして次……五番目ともなると、細かい特徴はともかく、もはやそれほどエキサイティングではなくなった。つまり、大地を揺るがすほどのことではないけれども、細かい特徴からいろいろなことがわかる、という程度で

す。まだもっと重いもの、新しいものから、われわれはクォークについてもっと多くのことを知ることができるだろうし、クォークの実態がわかるでしょう。今までのところは、ますます単純になってきていて、われわれの考え方も単純化され、整理されつつあります。いや、はずかしくなるくらい、われわれの考えは当っていた。

南部　物理学は、秩序だって進歩するものではありません。解決しようと思う問題や疑問があっても、そのとおりにできるわけではない。この部屋がだめなら次の部屋へ、というわけにはいかない。まだ未解決の問題があるところへ、新たな問題が登場してくる。古い問題は残っても、未解決のまま棚上げにしておくしかない。ですから、たとえばこういうこともありうる。結晶の形成についていえば、結晶がどんなものかということはわかるわけですが、シュレディンガー方程式に基づいて結晶の存在を証明しようとしてもできない。でも、そんなことは誰も気にしないし、シュレディンガー方程式の有効性も疑わない。

ゲージ理論とＱＣＤの今後

十川　ゲージ理論はどうでしょう。クォークと同じ方向で進歩するでしょうか。

南部　そう、それです。きょうだかきのうだか、ＱＣＤに今さら疑問をさしはさむべきではな

い、もう事実なのだ、と言った人がいる。残されているのは細かいディテールだから、さて計算方法は、というところでしょうか。

ポリツァー　奇妙なことに、わたしは最初にあれをかった連中のひとりだったのですが、いまだにあの理論には確信がもてない。候補としての理論がひとつしかないというのは、われわれの無知と不足を反映していることじゃないか。実験では、理論の構造の有効性がなにも証明されていない。繰り込みと摂動の理論による純理論的論議しか行なわれていない。

南部　それはそうです。しかし、幸いなことに、ある程度厳密な予言をすることはできる。核力に関する理論とは違うのですから。これは難問だった！　三十年前には原子核の成り立ちを理解すること、これがいちばん重要な問題だった。

　そして、ユカワの考え方で説明がついた。けれども、いまだに量的には本当にわかっていない――つまり、核力を根本原理から量的に説明することはできないのです。しかし、われわれは基本的な考え方を疑っていない。……幸いなことにＱＣＤには詳細にわたる予測が可能です。

ポリツァー　正しいですよ、あれは！

南部　そう。ところが核力の場合、くわしい予測すらできない。理論との比較もできない……データを比較するのに用いる公式がない。

ポリツァー　いまは、摂動の拡大としてその作用を考えるべきでしょう、作用を正確に見きわめ

るには。次に訂正すべきことは小さなことだし、計算可能——つまり、そんなに面倒くさいことでもない。可能性としては、電磁力学と同じように立証もできるでしょう。いつか、退屈なことになってしまうかもしれませんが、電子の異常磁気モーメントを計測するように、やっぱりやるでしょうね。しかし、その種の比較はまだ行なわれていません。これまでの比較は質的なものだったと思います。

単一すぎるグルーオンの説明

十川　グルーオン自体が発見される見通しはどうでしょう。

ポリツァー　クォークがある限り、見通しはあります。でも、光子と直接結合していないので、見るのはむずかしい。弱い電荷がないのです。

南部　香り《フレーバー》がない。

ポリツァー　そう、香り《フレーバー》がない、それがポイントです。味もない。(笑)日本語でも同じ意味あいになりますか？　味もそっけもない、悪趣味だ、ということです。

十川　あのあたりは、ますますアイディアなのか実在なのか、どちらともつかない。たとえばクォーク同士の交換力を「グルーオン」と呼び、陽子と中性子の交換力を「中間ヴェクトル・

ボゾン」と言うように、相互作用を粒子化したというのは、計算するのに楽だとか、再現が楽だとかという以上の意味はないように思われます。

ポリツァー　ある意味で、だからこそ私は慎重にならざるを得ないわけで、もっとすぐれた実験を見たい気がする。いま、理論上でわれわれが言っているグルーオンは、実に精密に定義されている。いくつあるか、それに特性のすべてがわかる正確な方程式があるわけです。だいたいどういうものかは私にも、誰にでもわかります——今のところ理論的にも数学的にもこれしかありえない。

気になるのは、このように、われわれの知識が不足しているからといって、グルーオンの説明としては単一のものしかない、という状態でいいのか。自然がそうなっているからではなく、われわれがひとつしか考えつかないからといって……。単一のことを信じこまされている、ということにもなります。

物理学の偉大な、もっとも立派な業績のなかには、純理論的な論議から単一の結論が出て、それが正解だった、というものもある。ユカワのパイオンやパウリのニュートリノ、また、グラショウのチャーム・クォーク。たくさんの仮説が提出されて延々と続いた理論上の論議が、結局は不可避的な結論に結びつく。そして数年あるいはもっとたってから、ひじょうに複雑な経過で、それが正解だったことがわかる。これは驚くべきことですよ。しかも、そういうこと

が起こっている。
チャームの場合は、二、三のレベルでそういうことがあった。チャームは、ある意味で粒子が発見される以前に、電子や陽電子の対消滅についてのあの実験にとって不可欠のものでした。そして粒子が発見されたわけですが、間接的な形で、何かがおこっているにちがいないと考えていたところへ、それが正解だったとわかるようになるというのは本当にエキサイティングだった。

いままでのところで、グルーオンが実在するにちがいないという、間接的な理論的論議はすんでいます。八つあって、スピンの特性がある——光子のようなものです。そして、はっきりした相互作用をもつ。実験でこれらの徴候が見られたらおもしろいんですが、まだちゃんと見えてはいない——ひじょうに質的に、あるいは間接的にしか見えていません。

物理学者が誤りをおかすことは、いつでも避けられないことです。つまり、次の世代によって、いまわれわれがやっていることが単に近似でしかなかったことが明らかにされるわけです。グルーオンが近似であるか否か、それすら明らかにできないのが現状です。つまり、まだ全面的に否定される可能性がある。たとえ全面的に正しくはないにしても、そこに何らかの真実が含まれていることが明らかになってほしいんです、私は。これが物理学の恒常的な一環をなすものなのかどうか——ちょうどニュートン力学が多くの誤りを内包しながらも、物理学の恒常

的な一環を担うように――それがどうもまだわからない。

南部　試されてきたものの意味、ということですね。ニュートン力学についてですが……。

ポリツァー　そうです。それが実体だという恒常的価値を確認するに足る優秀なテストはなされていない。

南部　問題は、どこで確信をもつか、疑いを放棄するかです。

ポリツァー　それは個人的かつ心理的問題で、わかりません。私は近すぎるところにいるので、他の人たちよりも敏感すぎるのかもしれません。合致するか実験もやったし、グラフも見たし、いろいろと操作もしてみた。それでも疑問が残ります。実験の結果が、ある一派の人々によってはこうなると予想され、ＱＣＤではまた別の方向に予想されたものは沢山ありましたし、実験はすべて質的には正しい方向に進んだ。そういう意味での検証はできています。これはすばらしいことだし、いろんなこともわかった。でも、それは一ケタの有効数値でしかない。私は、さらに実験が行なわれて、もうひとつ有意な数値が出ればいいと思っています。

南部　そうなれば、ほんとうにすごい。

ポリツァー　たとえば、スケーリング不変性の破れでは、クロスオーヴァーは $x=0.2$ です。予測にすぎませんが、0.2 です。有効数字一ケタですね。それ以上のケタについては知りませんが、もう少し精密さがほしい……精密なところへ向っているのかどうかが明らかでない。むし

ろ、もっと普遍的な応用性、これが出てくるのではないかと思います。

南部　そう、そう。QEDのような計算では、たとえば精密に計測できる異常モーメントがある。これに似たものが発見できるでしょう。

ポリツァー　そこでのベキ級数展開のパラメーターは0.2くらいです。そのほかに、まだわかっていないありとあらゆる関数があります。それに、実験といっても、超精密な実験ではない。

南部　いや、これこそ強い相互作用の本質を表わすものです。あなたは高望みをしているのかもしれませんよ。

ポリツァー　レッジェの研究者たちは、角相関やスピン、依存性の問題について、ひじょうに敏感ですから。つまり、質的特徴は正しくとらえていても、ディテールの問題で間違うこともあるのではないか、ということですが。

南部　レッジェ理論にそんなに期待していませんよ、私は。本当に……ずっとそう思っていました。

ポリツァー　そうですか、それでは仕方がない。でも、計算できるかぎりQCDは期待されていますよ――そうでないなら、理論が間違っていることになる。予測のあるところにはさまざまな手続きもある。いやはや、やることがいっぱいありますね。(笑)

南部　おもしろいけれども、じれったい面もありますね。

新しい道具、新しい研究スタイル

ポリツァー　われわれには、本当に困難で重要なことはできないし、かといって、いまのところ、ほかのことをやってもたいしておもしろくない。コンピュータのプログラムをたてて、単純なものを大学院生にやらせることはできます。私のいるカリフォルニア工科大にも、いくつかおもしろいプログラムがある。ファインマンのダイアグラム、代数的なところではガンマ行列だけでなく、二重対数関数、いくつかのスペンス関数など、を完全にカバーしたプログラムをやっている大学院生たちがいる。コンピュータを使って断面積を次のオーダーまでできるようになるでしょう。

十川　新しい数式や方程式、つまり新しい道具が近い未来に導入される可能性がありますか？

ポリツァー　それは常にある。予想するしないにかかわらず。

十川　どのようなものが出てくるか、具体的なイメージはありますか。たとえば、これが記述できる方程式であるとか……。

ポリツァー　いや、それがわかっていれば苦労はありません。(笑) この二、三年というのは、驚くべき前進があったと思います。新しい道具、アイディアが出てきましたが、必ずしもシステ

マティックな発展の結果としてではなかった。オランダのヘト・ホーフト、ソ連のポリャコフ、ソ連の研究者たちの仕事を見ても、非摂動論的な計算——相対論の量子力学では新しいアイディア、道具ですが——が発見されてきました。まだどのようにこれらを使うか、はっきりとはわかっていませんし、私もまだ使用法を学んでいるところです。だが、いずれもまったく新しい重要なものです。

南部　新しい道具だけでなく、現象や効果に関する新しい概念……。

ポリツァー　ある意味では、いろいろな見方ができます。ＩＢＭで働いている応用数学者で気ちがいみたいな男がいまして、その人が、複数次元、または無限次元のＷＫＢ近似をあみだした。ダーシェン、ハスラッヒャー、ヌヴォーが彼について触れていますが、ほんとうにやってしまうんだからすごい。ホンモノの気ちがいだ！

南部　そう！（笑）

ポリツァー　いや、すごい人で、いろいろな仕事についたのですが、ひとつとして長続きせず、アカデミックな仕事にはついたことはないけれども、ずっと実にすぐれた研究をやってきた、卓抜した数学者です。たとえばゲルマンによると、その人がこの研究をしていたとき、同じ部屋で働いていたのだそうです。ふたりで話しをするのですが、ゲルマンには皆目わからなかった。まあ、こういうことがあるわけで、新しい道具、新しいアイディアというのは、ふつう若

い人々の貢献によって生まれてくる。完全に新しいアイディア、トリックというものは。

南部　そう、彼らはそれがそんなに重要な問題だとは思っていない。どことなく、リラックスした姿勢がありますね。

9 見える対称性、見えない対称性

──「宴」の余韻のなかで

「真理」に対する畏怖と恐れ

十川　（会場に向かって）何かみなさんから質問はありませんか。

ポリツァー　もちろん！　若い人こそいちばん重要です。

十川　クォーク理論をとても楽しんでいらっしゃるようですが……。

ポリツァー　たしかに大好きです。

十川　自然にどんどん近寄っていって、こわいと思った瞬間はありませんか。

ポリツァー　こわい？　いや、苦悩とフラストレーションあるのみです。費す時間のほとんどが失敗のためにあるようなもので、自分の足りなさを思い知らされる。私を含めて多くの人の問題でもあり、学生にもいつも言うんですが、失敗を恐れてはいけない。失敗をこわがっている

と、何か問題に突きあたったり、わからないことがあった時に先へ進めなくなってしまう。とくに初心者にはその傾向が強い。行くべき方向が見えていないと、思い切って進めないんですね。でもどんなに熟達した人でも、新しい問題にぶつかった時は、やはり試行錯誤でやっていくわけです。「なんだかわからないけれど、今はとにかくこれをやるんだ」と言えないといけないし、やった後でまた戻ってくることもできる。ところが、何か間違いをするんじゃないか、バカなことをするんじゃないかという恐れがあって、なかなかそれができない。

南部　それはよくあることですね。でも失敗に対する恐れだけでなく、もっと違う恐れもある。偉大な真理に近づくときの畏れというか……そういう畏れは感じたことないですか。

ポリツァー　ディラックがファイン・ストラクチャーを計算しようとした時に感じたような、何か間違いをおかすんじゃないかという恐れですか。いや、そういうことは私にはなかった……。

村田　私がディラックにインタビューした時に、彼は自分の考えを最後まで押し進めるのがこわかったと言っていました。結局ダーウィンがかれの理論を完成させたわけだけれど、そういうことはよくあるんじゃないですか。

ポリツァー　それはそうだけど、必ずしも「恐れ」が関係しているかどうかはわからない。ニュートンの例で言えば、ニュートンの業績に匹敵することをやれる人は皆無に近い。ニュートンは何から何までやったんです。ニュートンのやった計算方法を理解するだけだって何年もかか

ってしまう。その後、実際の計算をするとなると、また何年もかかる。今の時代では、理論をつくってもその中の計算を全部やるためにはほかの人の手がいります。計算の応用の仕方などでも、自分では思いつかない場合がある。ある人のやったことの真価とか、もっと大きなシステムの中での位置づけとかは、その人自身でない方が案外わかるんです。

ディラックの理論を例にとっても、彼の電子に関する理論や方程式から、実にさまざまなことが得られている。クォークの特徴を表わすのはディラック方程式を使ってだし、その意味ではディラック方程式が数学的道具として、物質の表現手段としての基本的役割を持ち続けているということになる。ただ、前にも言ったと思うけれども、陽子を表わす手段としてはまずいんです。方程式自体がひじょうに基本的かつシンプルで、クォークの一般的な説明がつくかどうか、そこのところを今やっていることになります。

クォーク名の妙

南部　ほかに質問はありませんか。

★　先ほどからビューティとかチャームとか、香り《フレーバー》があるとか、雰囲気的な言葉が出ているんですが、これはやはり物理学者の感性から出てきているのかどうかお聞きしたい。

ポリツァー　一般的にはそうでもありません。ひとつひとつの命名にまつわるエピソードはあるかもしれないけれど、名づけた人のこめた意味はすぐに失われてしまいますね。たとえば典型的な例として、ストレンジネスというのは奇妙《ストレンジ》だったからそうつけたんだけれども、今やぜんぜんストレンジではなくなってしまった。（笑）

村田　じゃあ、クォークは全部ストレンジと呼ばなくてはならなくなる。

ポリツァー　そんなことはないですよ。退屈《ボーリング》なものの方が多い。もしかしてbクォークのbは、退屈《ボーリング》のbだったのかもしれない。（笑）

★　言語って、ひとつの力を持っていると思うんです。たとえば「退屈」という名前がついた場合、アップとかダウンという名前とは少し違うと思うのですが、その名前の持つ力みたいなもので、考え方まで影響を受けるということはないのでしょうか。

ポリツァー　そうですね、むしろちょっと変わった名前をつけた方が、物質の特徴を表わす名前を探すよりも個々の特性の違いは強調されると思います。私にとっては、奇抜な名前であることがかえって、それがただの名前にすぎないことを思い出させてくれます。ほかの人は違うかもしれませんが。

南部　ゲルマンが身につけたアメリカ的やり方と言えるかもしれませんね。ああいう名前をつけるのはすごくうまいですから。ヨーロッパの伝統から言えば、もっと真面目に考えるところ

でしょう。

ポリツァー　アメリカン・カウボーイの気質とも言える。(笑)

南部　そう、そう。

ポリツァー　ひじょうに非科学的な名前ですよね。ラテン語の長ったらしい名前なら科学的なんだろうけれども。

十川　かつては、発見者の名前をとって、ユカワ粒子だのフェルミオンだの言っていたのが、少し解脱してきた感じはするんですが。

南部　そう、人の名前からとると言えば、ユカワのユーコンとか坂田のサカトンとかいうのを聞いたことがあります。それからグラショウのマオン。今回の会議で、実際には出されなかったけれども、ダニエル・フリードマンが私のところに来て、新しい粒子を「ナンビーノ」と呼んでもいいだろうかと言うんですね……。(笑)

ポリツァー　いいじゃありませんか！

南部　わたしは自分ではあまり気に入らないけれど、使ってもいいと言ったんです。実際には出されませんでしたけれども。

ポリツァー　それは残念だなあ。バンビーノみたいでかわいい名前なのに。(笑)

十川　どんな粒子だったのですか。

南部　スーパー・シンメトリー、スーパー・グラヴィティという新しい分野なんですが、この理論で重力に付随して新しいニュートリノが出てきていて、それをグラヴィティーノと呼んでいるんです。このグラヴィティーノと対をなすもうひとつのニュートリノがあって、それをナンビーノと呼びたかったらしい。（笑）

対称性の物理と時空間

★　対称性の問題に戻りますが、幾何学的シンメトリーと対照させてもう少し話してもらえますか。

ポリツァー　今いちばん話題にされていて、われわれが素粒子物理学の中で対称性に関して考え始めるきっかけになったのは、ハイゼンベルクの想定したアイソトピック・スピンというものです。アイソトピック・スピンというのは対称性もしくは粒子間の関係のことで、たとえば原子核の中で陽子と中性子が同じふるまいをする、同じ強い力を持つ、という事実を指す。数学的には、その対称性がいわゆる 3D――三次元空間における対称性だということなんです。その空間内では、すべての方向が等しいという。ハイゼンベルクは、われわれの住むそういう空間でない空間を想定したんです。するとあたかも陽子がわれわれの空間にありながら、同時に

別の空間にもいるということになる。そのもうひとつ別の空間の方で陽子をひっくり返してやると、中性子になるわけです。ひとつの粒子でありながら、こっち（上を指す）を向いている時は陽子で、こっち（下を指す）を向くと中性子になる。しかし数学的には同じなんです。少しわかりにくいと思いますが、結局クォーク空間を四次元、五次元に拡大し、Dを増やしていったのです。

そのほかの対称性というと、鏡の中の自分と自分というのがある。これは重要な対称性で、パリティと呼んでいます。鏡に映しても世界は同じだろうかという問題——実は同じではないんです。かなりショッキングなことなんですが。それから、時間の反転の問題で、基本的な相互作用はすべて、弱い力、強い力から、電磁力、重力に至るまで、未来も過去も違いがない、つまり時間流のどちらの方向をプラスと呼ぼうがマイナスと呼ぼうが任意だということがある。時間に関しては、時計が時を刻んでいって、われわれが年をとるということを誰もが承知している。単なる時間ではなく、そこには方向性がある。ところが、基本的な四つの力は、プラスの時間でもマイナスの時間でもまったく変わりがないと思われていたんです。つまり、世界が時間的に逆転しても機能的には問題がないんだ、とね。それがそうでもない、対称ではないということがわかってきた。ひじょうに微妙な問題なんだけれども。

ビリヤードを例にあげて話しましょうか。ふたつのボール、赤と白のボールがあって、片方

がもう一方に衝突するとします。この動きをひっくり返すと、まったく同じことが逆向きに起こる。つまり、このふたつのボールの間の力は同じであって、前向きも後ろ向きもリヴァーシブルだということになる。今度はボールが十個あって、ゲームを始めようという場合、三角形の枠の中にボールを入れますね。そしてもう一個のボールをその真ん中に当てると、十個はバラバラに散る。これは果たしてリヴァーシブルか？　原則的にはリヴァーシブルなんだけれども、実際にはひじょうにむずかしい。それでもわれわれは、原則としてリヴァーシブルだと信じたいわけです。ボールの数が多くなればなるほど、逆転するのはむずかしくなりますが。たとえば有名なアボガドロの数、10^{23}。この部屋にある分子の数と言ってもいいんだけれど、それを全部集めて小さな容器に詰め込むとします。次にその容器に針で穴をあけると、全部出てきますね。これがリヴァーシブルかどうか。別の言い方をすると、出てくるのを途中で止めて、逆方向に戻すことができるかどうか。この逆転が可能かどうかの問題は精確に判断がつくんです。ふたつの粒子間の相互作用を考えるのがもっとも簡単なわけですけれど。

★　ビデオに撮って逆にまわせばできますよね。

ポリツァー　そう、だから問題はその逆転させたビデオテープどおりのことが実世界で可能かどうか、そういう状況がありうるか、ということです。漫画なんかには、まったくあり得ないようなことが描いてあるけれど、要するに逆さまのテープが現実世界では原則として成り立つの

かどうか考えるわけです。長い間、それは常に可能だと考えられてきた。前向きの時間と後ろ向きの時間は同じだ、対称である、と。ところが、一九六四年だったと思いますが、個々の粒子という意味ではそれが成り立たないケースがひとつ見つかって、その後実験が繰り返され、実証されたんです。先ほどの例で言うと、箱から出てくるのを途中で止めて戻してやっても、出てくる時と違う動きをしてしまう。

★　なぜですか？

ポリツァー　それはわからない。自然はそういうものだと思うしかない。

南部　それがＣＰバイオレーションとかＴバイオレーションと言われていることですね。

ポリツァー　ええ、両方とも観測はされています。技術的な話になりますが、Ｔバイオレーションの方が何年か後に見つかったんです。

われわれがいつも使っている対称性のひとつに、並進《トランスレーション》の対称性というのがあります。置き換えによる対称性と言ってもいいのだけれど、つまりここでもあそこでも世界は本質的に変わらない。ロサンゼルスでやった実験にも、東京でやった実験にも、同じ法則が当てはまるし、きょうやった実験とあすやる実験の間でも同じことが言える。これを対称だと呼ぶのは、時間や位置をひとつの直線としてとらえているからです。位置そのものには意味がないことになっているけれども、それを直線としてとらえる。だから対称と言えるわけです。

対称とは、違うと思っていたことが実際は同じことだったということなんです。そうじゃないですか。たくさん可能性があると思っていたが、実は同じことの反復だったということ。

★　百パーセントの反復ですか？

ポリツァー　そのね、対称であるためには、何回かの繰り返しが必要なんです。対称性を発見する前に、いくつもの別々であると思われる事象があって、その後に同じだとわかるわけでしょう？　ひとつだけではダメなんです。

意図としての対称性

南部　対称性というのは、ひとつの数学的操作《オペレーション》です。ただ、一定の事象に関する操作であって、何にでもあてはまるとは限らない。

ポリツァー　数学的には、合同ということもある。つまり、ひとつの操作でありながら何もしないものがある。

南部　微妙なところを除いてはね。

ポリツァー　厳密にはそうですね。ものがあって、それに対して何もしなくてもそれ自体が対称だということはあります。でもわれわれがふつう対称と言う場合には、まずいくつかの事象が

集まったグループがあって、それに対して何か操作する。ひとつの物を別の物に変換する。するとそれらがまじり合ってはいるんだが、実は同じもののいろんな側面だったということが、前にはわからなかったが見えてくる。だからそれぞれの違いは必ずあるんです。たとえば陽子と中性子のふたつが、同じものの別々の側面だというように。もし陽子しかなかったとしたら、同じものの側面ということ自体、出てこなかったわけです。……こういう説明は実にむずかしいですね。結局物理学者っていうのは、うそをついているような部分がある……。（笑）

★　すると対称性を認識するというのは、ひとつの意図なんでしょうか。

ポリツァー　そう、単純化しようとする意図です。理解のためのひとつの道具というか。前にも言ったけれど、質問の数を減らしていくことなんですね。初めにたくさんあった質問が対称性によって少なくなる。ということは、われわれにとっては進歩したことになる。

南部　物理学者は不完全な対称性とか、近似的対称性とかいう概念に慣れていますけれど、本当にそれが適切なのかどうかは疑問だと思うんです。対称と言うからには完全でなくてはいけない。「不完全な」対称性って何なのか。ご承知のとおり、陽子と中性子はほとんど同じというくらい似ている。そのほとんど等しいことの裏には何か理由があるのかもしれない。まったく同じだったらもちろん対称なんだけれども、わずかに違っていて、そのわけはわからない。もしかしたら、まるっきり違うのかもしれない。でもわれわれはそのわずかな違い、全体から

見れば些細な部分は無視して、近似的に対称だと言うわけです。このことの意義はひじょうに大きい。

★　たとえば中国や日本の建築に見られるような対称性との関連で、量子力学における対称性を説明していただけますか。

南部　量子力学で言う理論的対称性というのは、建築のようにわれわれの創造によるものではないんです。ただ、物を認識するときに、われわれの偏見かもしれないが対称性として認識するということです。先ほどの陽子と中性子の例で言えば、質量と電荷の違いがある。でもほかの特性から見ればこの違いはあまり重要でないし、無視してもかまわない。……ということで単純化していくわけです。

それから、アイソスピンということがあって、これもたいへんよく似ている。ただアップかダウンかの違いがあるだけで、これはひっくり返すことによって入れ替わるわけです。ひっくり返しても対称性が成り立っている。ところが実際にはそうでないことがわかってきたんです。そこが対称性の概念の有用性なんですね。それで、対称性の問題がもっとシリアスに扱われるようになり、自発的破れの考え方があてはめられるに至った。初めに完全な対称性があって、その後いろいろな実験を重ねた結果、陽子と電子の違い——本当の違いが見えてきた。

対称性の自発的創造

★　ということは逆に、対称でないものから出発して、実際は対称性があると証明していくプロセスもあるんじゃないですか？

南部　それも可能です。例は少ないけれども、対称性の〝自発的創造〟とでも呼べることはある。（笑）

ポリツァー　でも、具体的にどういうプロセスを指して自発的創造というのか？　というのは、われわれは自然界でひじょうに違ったものを見るわけです。そこに理論家が対称性を見出していって、ほかの事象にもあてはめていく。ところが、いまの話はどちらの方向を問題にしているのかわからないんです。どちらを前向きと呼び、どちらを後ろ向きと呼ぶのかわからない……。

自然界にはいろいろな力があって、バラバラに見えるけれども、われわれは理論的な作業を通して、それらが同一のものの別々の側面であるとみる見方を身につけてきた。統合と言ってもいいけれども。じゃあ、それとは反対方向の行き方があるのかどうか……。

南部　ありませんね。数学の例をとると、たとえばラグランジュ数学では、対称性のなかった

ところに対称性を見出していきます。

ポリツァー　そこにはいつも理由がある。

南部　ええ、まあ、そう言えるかもしれませんね。

ポリツァー　たいてい、と言い直してもいいんですが。というのは、われわれが認識するに至っていない対称性がまだたくさんあるかもしれない。対称性というのは、一般的かつひじょうに力強い概念なんですね。だから、自然の中に存在するものの側で、対称性があると発見してもらいたがっているとも言える。初め非対称的に見えたものの中に対称性を見出していくことによって、そのもののふるまいにも説明がつく。あるいは、われわれの側で、そう考えているにすぎないのかもしれないが……。

理論的対称性と視覚的対称性

★　視覚的な対称性と理論上の対称性の違いが何なのか、まだよくわからないのですが。

南部　われわれは、方程式でものを考えるのに慣れっこになっているんです。方程式には視覚的な対称性はないかもしれないが、数学的には対称性をもつ。数学的なシンボルを使っての操作という意味での対称性です。

十川　対称性の視覚的な認識の手法も、もっと開発されていっていいわけですよね。

南部　そうですね、たとえば時空の対称性とか……。

ポリツァー　たとえば、自発的に破れない対称性の一例として反復があります。同一のモチーフが何べんもくり返される……これも対称性のひとつです。柱とか、あるモチーフがズラーッと並んでいたりするのが並進対称《トランスレーション》です。どこまで行っても同じように見える。完全に対称であるためには、無限に続いていないといけないわけですけれど。こういう、目で見てすぐわかる対称性の例はほかにもあるんですが、目に見えない、理論上の対称性の例というとなかなか思いつきませんね……。

たとえば、設計デザインにおいては、目に見える対称性、基本的には同一モチーフの反復が使われる。ところが、対称性の自発的破れというと、ちょっと気違い沙汰に思われるかもしれない。というのは、初めて見た人にとって、あるいは最初の百年ぐらいは、まったくのデタラメなガラクタ同然のものにしか映らない。設計のプロセスの中には、なんらかの体系的なものがあっても、建物という形になるとひじょうにわかりにくい。一見、ガラクタではあるけれども、各部分の置き方には一定のルールがある。

物理学では、ルールに中心的な重要性があるけれども、設計はルールでなされるものではないと思うんです。もしそうであれば、ルールのレベルでの対称性を論じることができるのです

が。物理学では、事象の背後にあるルールの方を重要視するし、実際のところ、目に見えるものより真実味がある。反対に、何かを設計したりデザインしたりするときにいちばん問題になるのはできばえでしょう？　できあがったものが快適で使いやすいかどうか。いったい役に立つのか、ということです。抽象的レベルでの対称性を問題にしたところで、できあがったものが使用に耐えなければ仕方ない。ティーポットが漏るとか……わたしの家のポットは、なぜか全部漏るんです。(笑)

南部　話はちょっと変わりますが、目の錯覚を利用したようなデザインがアジアにありますよね。ある見方をすると、ひとつのパターンが見えるんだが、もうひとつ別のパターンが見方を変えると、突然見えてくる。これは見方による自発的破れと言えるんじゃないですか。

ポリツァー　立方体の絵なんかもそうですね。

南部　そう、遠近法で描いた場合ですね。

ポリツァー　ええ、六十度の等角図を描けば、瞬間的に違って見える。ふた通りに見える絵でありながら、同時に両方は見えない。両方であって、両方でない。

自発的に破れる対称性というのは、背後のルールの対称性に拠っているんです。ろくろや旋盤は道具としては単純で、できたものには目に見える対称性があるけれども、もう少し複雑な道具を使ってものを作った場合、しろうとにはできあがったものがバラバラに見えるかもしれ

ないけれど、熟練した人にはそれらがある一定の共通なルールに従って作られたことがわかる。これは対称性です。しかし、理解するためには熟練が必要だし、ここで言う対称性というのは、ある事物をひっくり返すともうひとつの事物と重なるというのでもない。かなりこみ入った問題なんです……フーッ！

ニュートリノのいたずら

★　夢についてなんですが、「夢の粒子」みたいなものが夢を作るとは考えられないでしょうか。

ポリツァー　かもしれないですね。それと関連して思いつくことを言いますと、ゼネラル・エレクトリックに勤めている知人で、新式のおもしろい粒子探知器を発明した人がいるんです。泡箱でも霧箱でもなく、特殊なプラスチックを使う。このプラスチックをエネルギーのある粒子が通過すると、プラスチックの分子はひじょうに大きいので壊れる。壊れたところは目には見えないのだけれど特殊な酸の溶液に浸すと、壊れた分子だけ溶解して軌跡の部分が侵食され刻まれるという仕組みです。

このプラスチックはレクサンと言って、ヘルメットなんかにもよく使われる。宇宙飛行士の

ヘルメットもそうです。そこでその知人は、地球に戻ってきた宇宙飛行士のヘルメットを酸の溶液に浸し、粒子の軌跡を調べた。するとヘルメットのこちら側から反対側に粒子が貫き抜けていることがわかった。宇宙線は地球へいくらでも振り注いでいるのだから、頭の中を粒子が貫き抜けるなんていうことは、しょっ中起こっているわけです。ニュートリノは電荷がゼロだから何もしませんけれど。

南部　ニュートリノが何もしないって、どうして言えるんですか？

ポリツァー　ニュートリノは何に対しても何もしないじゃありませんか。(笑)

南部　さあ……もしかしたらわれわれの「心」に影響を与えているかもしれませんよ！

★　ところで、モノポールは存在すると思われますか？　この間、コロラドかどこかで発見されたという記事を読んだのですが。

南部　ほんとうに発見されたと思っている人はいないと思いますよ。ただ、原理的に存在するかどうかの問題は、やがてはっきりしてくると思います。現実に存在するかどうかは別の問題ですけれどね。

★　でもその記事には発見されたと……。

南部　それを確かだと思っている人はいませんよ。けれども、いまある理論、ゲージ理論にはモノポールの解があることはわかっている。ある場の方程式にはモノポールが存在していて、

そういう「場」が存在するのならモノポールも存在するはずだし、その方程式が現実世界を記述するならモノポールも現実に存在する。

ポリツァー　でも、実験室でモノポールを初めから作るのはすごくむずかしいでしょう？　むしろ、どこかわからないところから地上にフッと落ちてくる可能性の方がある。宇宙の中には、実験室でわれわれが作り得る状態をはるかに凌ぐ極限状態をもつところがあるんです。いまある最大の加速器で得られるエネルギーよりはるかに高いエネルギーを持った粒子が空から降っている。一度に落ちてくる数はひじょうに少ないけれども、そういう粒子がわれわれの頭を貫き抜けていることも事実です。宇宙線と呼んでいるんですが、その研究はもうずい分長い間続けられてきた。このエネルギー粒子が、発生、進化、突然変異といった、あらゆる生物学的プロセスになんらかの役割を果たしているんじゃないかと考えられているわけです。

十川　では最後におふたりから、物理学を志す若い人、または宇宙や自然に向かおうとする人たちにメッセージをいただきたいと思います。

南部　そうですね、今回日本に来てだいぶ日もたちますし、その間言いたいことは言ってきましたのでとくにありません。

ポリツァー　生まじめに答えますと、読んだり聞いたりしたことをそのまま鵜のみにするな、と言いたい。

十川　話しはつきませんが、もうだいぶ夜も更けてきましたし、あす帰国なさるということですので、この辺で終わりにさせていただきます。どうも長い間、ありがとうございました。

素粒子物理学者の飛跡

東京——大阪——プリンストン——シカゴ……

南部陽一郎インタビュー

◉エジソンの科学精神と鉱石ラジオの球音に惹かれて

科学が好きだったことはまちがいないですが、学生の頃はずいぶん迷いました。何を本当に仕事にしようか、……文学をやろうか、数学をやろうか、理論物理をやろうか、とね。誰でも迷うんでしょうけれど……。

小さい頃は、それこそ鉱石ラジオが流行《はや》っていた時代でしたから、自分でも組み立てたりしました。組み立てて聞いた放送が、今でもある甲子園大会。中京商業対明石中学の、二十回戦か二十五回戦になったあの有名な試合。中京商業は三年連勝だった吉田投手、明石中学は楠本とかいうすごい投手だった。未だに印象に残っています。

それとやはり、エジソン。発明王っていうんですか、ああいうのにひじょうに憧れていました。ものを発明する、未知のものを開拓することに興味があった。少年に特有な好奇心、単純な好奇心、そういう少年性は今でも残っているみたいです。(笑) サイエンティストはある面ではみんな少年です。

素粒子をやろうと決めたのは東大の物理学科に入ってからでした……はっきり覚えていませ

んが。最後に、大学（今の大学院）に入る段になって決心した。その頃はやはり、湯川、朝永、仁科とか、そうそうたる人たちの影響が全般にあったし、周りの仲間でも直接にふれていたグループがいて、自然、同じ方向に興味が向いたんですね。

ところが、東大はもともと物性論が盛んだったから、素粒子講座なるものが存在しなかった。勉強しようにも先生がいない、というか本当に活発に研究している先生がいなかった。最後の年にはセミナーみたいなのをやって課程を終るんですけれど、そのときこういう方面を勉強したいと申し出たわけです。そうしたら、そこにいた四、五人の優秀な先生がたに拒絶されてしまった。指導する専門の先生がいないし、だいたいこういうものは天才でないと勧められない、と。（笑）で、われわれ五人——天体物理の方でHR図を作って有名になった京大の林忠四郎とか菅原仰とか、そんな人たちがいました——その五人が憤慨して、「それじゃ、われわれだけでやろう」と言いだしてグループを組織した。「それならばアドバイスはしよう」と先生がたもいちおう面倒みてくれましたが、実際の勉強は、われわれ五人でディスカッションしながらやりました。

結果的にはこれがひじょうによかったようです。そのほか、理化学研究所に朝永、仁科研究室というのがあって、そこへよく出かけていって傍聴させてもらったわけです。それが癖になって、戦後、先生がたは生活が苦しいし研究どころじゃない、という状況で面倒をみてもらえ

なかったとき、結局なんでも自分たちでやる習慣ができてしまった。

時期もよかったんですね。ちょうど朝永理論が出た頃だし、ああいう新しい、ストレンジ・パーティクルなんてのがだんだん発見されだした物理学のひとつのピークの時代ですから。朝永理論は最初、どう役に立つか皆目わからなかったのだが、戦時中、アメリカで発達したマイクロウェーヴの技術のおかげで、四七年か四八年になって「ラム・シフトの実験」という、ひじょうに画期的な実験が行なわれた。これで朝永理論の有効性がはっきり立証され、この理論を使って精密な計算ができるようになったんです。具体的な計算の方はアメリカでシュウィンガーやファインマンが理論を発展させていたので早かったのだが、根本のところは朝永さんの方がずっと早かった。……そういう事件がパッと起こったんでショックでしたね。刺激になりました。

それからほとんど同時に、いろんなストレンジ・パーティクルが発見されだした。これは一種のパズルみたいなもので、これをどう解くかってことにひじょうに興味がわいたわけです。新しい粒子とはどんなものか、どうやってこの見つかった粒子を説明するか、なぜこんな現象がみられるのか。背後に自然の原理とか渾沌とかがあるかもしれない、素粒子がいくつあるべきか、なんてことは考えませんでしたね。

私はいつもそういう立場です。与えられた事実を目の前にして、それに基づいて何がわかる

か、どう解釈するか。解釈がみつかったあとで、それに対して深遠な意味をつけていく。初めから意味が見つかることはあまりない。そこから出発するわけです。

背後にある意味というのは、徐々にしか見えてこないもので、いつの間にか見方が変わってくる方がむしろ多い。思考の上で飛躍するのは、ある問題の関与……こういうことを説明するにはどうしたらいいか、その関与を見つけるときは飛躍的になりますが……。

たとえば、いま、ある点に関してみんながある程度意見が一致しているとします。それが何ものか、どんな力が働いているかはわかる。大部分の人はそれが正しいと信じている。ところが、それをもっと精密に理論化しようとするとなかなかうまくいかない。そこを説明しようとすることがひとつのパズル、チャレンジなわけです。いわゆる根本的なことというのは特別新しくもなんともない。

素粒子は、まだまだ先はきりがないものじゃないか、そんな気が今ではしています。これが素粒子だと思っても、実はもう少したってからそうじゃなかったということが今までにあまりにも何度もありましたから。まだそういうことが続くんじゃないでしょうか。経験的に言って、物質というのはどうもそういうものらしい。本当に究極的なものがあるかどうか私は疑問ですね。その意味ではチューのような考え方も、まんざら悪くないかもしれない。

ただ、私は現在知られているもの、それだけで世界観を閉じてしまう考え方はきらいなんで

す。世界はどこまで行っても無限に前進する螺旋構造で、経験的に言ってもそうなっている。こう考えるのは、やはり、日本的な坂田哲学の影響でしょうけれど……。チューは、すべてのものはすべてから成り立っている、つまり、ひじょうにスタティックな考え方でしょう？　すべてのものをすべてと考え、すべてのものはすべてに交差するとする。しかし、これでは今までの科学の伝統とはちがってくる。アクションがあって、リアクションが起こる、そういう対立を通して見なくてはいけない。アインシュタインにしてもそうです。世界中をはじめから見渡してしまって、そこにただ絵をかいている。現在の瞬間が次の瞬間に発展しているのに、初めから次の瞬間、歴史がわかっちゃっていると言う。物理学史の中ではむしろ異例的な考え方だと思います。すごく東洋的です。

チューのような考え方もありうると言ったのは、これからエネルギーが十倍、百倍にあがったとしますね。1000GeV ぐらい。そこまで上がると、今までただ憶測にすぎなかったWボゾンとか、いろんな新しい種類の粒子を実験的に作る可能性がみえてくる。これはおそらくまちがいない。W以外にZとかHとか、そんな仮説的な粒子……今わかっている電磁作用を理論的に説明するのに最低限必要な粒子だってある。しかし、実際にエネルギーをそこまで上げたとたんに、それだけじゃなくて、もっともっとたくさん出てくる可能性もかなり高い。そうすると二十年前、私が学生だった頃、ストレンジ・パーティクルがどんどん出てきたでしょう？

その結果、素粒子はたくさんあるものだというんでチューのブーツストラップ哲学が生まれたわけですよ。そういうことが繰り返される可能性がある。

◉

アインシュタインの月、「自然」という建築物の右辺と左辺

一九四九年頃でしたか、大阪市立大学が新しく大学として発足したときにそこに呼ばれまして、戦後出た東大グループの三、四人と一緒に移っていきました。朝永さんの一番弟子だった木庭二郎さんは大阪大学の方ですけれど、やはり大阪にお住まいになった。そこに三年ぐらいいた間に、例のストレンジ・パーティクルの研究が盛んになって、データがたくさん出はじめた。それに対する理論を考え始めたのがこの頃です。まだ初歩的な解釈でしたけれど。

一緒に東大から移ってきた早川幸男さんが、ひと足先にアメリカへ留学して、いろんなデータを送ってくれまして、おおいに刺激になりました。結局、この問題は、のちに「中野—西島—ゲルマンの理論」でだいたいかたがつくことになる。しかし、当時は研究といっても、たいした実験の設備があったわけじゃない。大きな加速器が作れませんでしたから、宇宙線を使っ

ていたわけです。日本には宇宙線研究の伝統ができていた。未だに世界の中では相当なレベルですよ。アメリカでは加速器の方に移ってしまって、宇宙線研究は衰えました。

そういうわけで、私はもともと宇宙線とは接触が深かったんです。シャインの有名な業績がありますけれど、このシャインについては、仁科教室や朝永教室に通っていた時代から聞いていました。シカゴ大学におられた方で、私が来てまもなくして亡くなられた。

宇宙線には、加速器で作れないような高いエネルギーがあることは確かですが、ただ、コントロールができない。飛んでくるのを待つしかない。コントロールができないために、精密な実験、決め手になるような実験ができない。そういう意味でみんな避けるわけです。で、アメリカでは宇宙物理学《スペース・フィジックス》の一部になってしまって、宇宙線を使って素粒子を調べるというより、宇宙線自体の性質を調べるようになっている。

その後、プリンストンの高等研究所――プリンストン大学とは関係ない、プライベートな研究所ですが――に留学しました。アインシュタインはもちろん、ゲーデルとか、数学でも著名な人がたくさんいた時代です。アインシュタインは当時、もう七十五歳ぐらいになっていて引退していましたが、オフィスには毎日出ていた。私の下宿先がたまたまアインシュタインの家から四、五軒しか離れていなくて、彼が研究所に歩いていくときとかバスに乗っていくときによく顔を合わせましたけれど、実際に会って長い話をしたのは一回だけです。

アインシュタインの助手にカウフマンという女の人がいまして、その方が仲介になってくれたんです。そのいきさつを説明しますとこういうことだった。強磁性に関する有名なアイジング・モデルというのがあって、これは統計力学を研究するときに使う一種の「おもちゃ」みたいなものです――「おもちゃ」というのは、数学的に扱いやすくて、ひねくりまわしていると物理法則の重要な一面についていろいろなことがわかるというものです。そのアイジング・モデルに興味をもちまして、私自身もある程度仕事をするようになっていたわけです。カウフマンは、これを厳密に解くことに成功したノーベル賞物理学者のオンサーガーと仕事をしていたもので、私と多少の文通があった。それで、アインシュタインにぜひ会わせてほしいと頼んでおいたわけです。かれの『晩年に想う』(講談社刊)という本を、たまたま私と中村誠太郎さんと市井三郎さんとで翻訳したものですから、本に署名してもらおうという下心もあったんです。

そのときのアインシュタインの話にはぜんぜん感心しませんでしたね。最初に私がどういう研究をしているか聞かれまして、説明したのですが、彼にとってはなんの興味もないことだったらしく、すぐ自分の関心事について話し始めたんです。つまり、量子力学を信用しない、信じないという……。私としては、アインシュタインの方が間違っているに決っていると思いました。詳しい内容は忘れましたが、ひとつだけ印象に残った話があります。空を見ると月がある。あれにはっきりした位置と運動量が同時に存在しないなんてとうてい考えられないじゃな

いか。そういう論調なんです。これはご承知のように、量子力学の不確定性原理に対する反発です。ひじょうに、なんというか、人間的な感覚に訴えるような議論だった。とても彼らしい。私はそういうことをまったく聞き流したものですから、何もインプレスされなかった。それが正直な感想ですね。

アインシュタインは誰とでもすぐ会ってくれるものですから、オッペンハイマー研究所長が気をつかって、あんまり邪魔しちゃいかんというおふれを出していたらしい。私はそれを無視するつもりはなかったけれど、知らなかったし気にもかけていなかったんで、あとでカウフマンが謝ったということです。

アインシュタインについては先だっての高エネルギー物理会議の最後でもふれましたが、彼が言っていたことでこういうのがある。私の訳した『晩年に想う』に出てくる一節で、アインシュタインの重力場の式、つまり空間の曲がり方、曲率はそこにあるエネルギーに比例するという式に関するものです。この左辺は、曲率を表わすたいへん美しいもので、幾何学的な考え方からたてられたものである。一方、右辺は物質のエネルギー・運動量を表わすが、これはひじょうに醜いものだ。なぜかと言えば、物質に関する一貫した記述の方法なんてない。物質の種類に応じてべつべつに取り扱うだけで、それを統一するような美しいものがない。彼が言うには、方程式はちぐはぐな建物みたいなもので、左側はきれいな大理石でできているけれど、

右半分は木造のおそまつなものである。

　なるほど、今考えている物質の見方はまさにこれだと私は思う。右の方を理解する美しい原理が今のところない。ただ、いろいろな試みはありまして、最近、ゲージ理論に凝っている人、CERNのツミノみたいな人はこれを超対称性《スーパーシンメトリー》だと言っている。これは、言わば右辺を全部左辺に移項してしまう、つまり一元論です。左辺に右辺まで理解する美しい原理があるはずで、だから番号も全部統一する。この試みはある程度しか進んでいなくて、完全に成功するとも思えません。

　逆に全部を右辺に移項してしまう試みもあります。これは坂田的、あるいは唯物論的な一元論とも言えましょうが、私は今のところ、どちらとも決めたくないんです。究極的にはどうであれ、実際問題として、いろんな物質や場の相互作用を議論するときには、二つに分けておいた方が都合がいいんじゃないか。つまり、どこかにまだ醜いところが残っている。そいつはまた次の段階とか将来につっつけばいい。どっちの見方もできるんだという原理もなりたつかもしれないと思う。

　要するに私の立場は、何か一種の謎というか、パズルみたいなものを解くこと自体にものすごく興味があるということなんです。もちろんどんな問題でもいいというわけじゃない。まだわかっていない問題を解決して、理解できるなら理解したい。そのためにいったいどういうこ

とをどう進めたらいいか――それを頭から決めてかかっていない。

◉

ストレンジ・パーティクルからプラズマ理論、分散理論へ

プリンストン高等研究所に行ったばかりの頃は、ストレンジ・パーティクルが大問題になっていました。それに対するいろいろなモデル問題とかもその頃から始まった。オッペンハイマー所長の下に、ヤンとかダイソン――彼は朝永理論とシュウィンガーの理論を数学的に完成した人ですが――、パイス、ヴァン・ホーヴェ、チェレーン、ティリング、ウォードなど、今は各地の研究所の大ボスになっているようなそうそうたる人たちがいました。日本からは、現在コーネル大学教授の木下東一郎さんなどがいた。

大阪市大にいた頃からストレンジ・パーティクルに興味があって、山口嘉夫、西島和彦氏らと一緒に仕事をしていたのですが、プリンストンに来た頃はむしろプラズマ物理、その応用というか、現実的な方法論にもっぱら関心が集中していました。プラズマ物理は戦後、理論的に発展したもので、デヴィッド・ボームがイリノイ大学にいた頃にそういうことを始めた。彼が

弟子のパインズとグロースとで一緒に論文を書きまして、これが現代のプラズマ理論の出発点となった。

プラズマ理論というのは多体問題の一部門です。多体問題は昔から私も興味があったのだが、この頃それがやみつきになって、ストレンジ・パーティクルの方は少しお留守になってしまった。プラズマ物理に使われる概念、つまり、多体問題を取り扱う数学的な方法論に関心があったんです。私の狙いとしては、原子核の核力の問題——精確に言うと、原子核の内部での核力の飽和《サチュレーション》性ですが、その頃なぜそういう現象があるのか理解されていなかった——そういうことを説明しようとして私が始めたわけです。プリンストンにいた二年間、木下さんと協力してそれを一生懸命つついたんですが、どうしても確信がもてる結果が出なかった。

この頃がいちばん自信喪失で、私にとってはむずかしい時代でした。でも、そうやったことが究極においては役に立ったと思います。というのは、現在使われているゲージ理論とかワインバーグ—サラムの理論のひとつの要素になったわけで、私が興味をもったのもまんざら当ってなかったわけじゃない。

ストレンジ・パーティクルの方は「中野—西島—ゲルマンの理論」でかたがつきましたけれど、これが起こったのも私がプリンストンに来て一年目ぐらいのときでした。ゲルマンともその頃には知りあいになっていたので、彼が私の部屋に話しにきた。それで私もすっかり興奮し

て、それを大阪市大に伝えたら、大阪でも同じようなことが発展していたのがわかったわけです。

核力の方はその二年後ぐらいに、ブルックナーとかその弟子の沢田克郎（現在筑波大学）とか核反応理論で有名なベーテとかが精力的に取り組みました。これは私のと似たような考えなのですが、私にはどうしても本質的なところで満足できなかったし、そのためにそれ以上進めなかった。正しく核力の飽和性を説明し終えているのかどうか、どうにも自信がもてなかった。五四年頃……これが私のいちばんの暗黒時代でしたね。

プリンストンには予定どおり二年間いたのですが、もう少しこの環境で研究したいと思っていたら、プリンストンに来てから懇意になったゴールドバーガーが――チューとかヤンとかと同じ世代の人ですが――シカゴ大学に行っていて私を呼んでくれたわけです。

ゴールドバーガーは分散理論を発展させて有名になった人で、私もここで心機一転して分散理論を相当勉強しました。ゲルマンも彼を手伝っていたのですが、私が移った頃はもう別のところに行っていた。東大から宮沢弘成さん（現在、東大教授）も来ていて、ゴールドバーガーたちと一緒に仕事をしていました。

その頃、シカゴ大学のフェルミ研究所が大きなサイクロトロンを完成したので、新しい実験ができるようになっていました。ハドロンの共鳴状態、つまり励起状態を最初に発見したのも

ここです。分散理論というのは、そういういろいろな粒子をぶつけたときに起こる反応を分析する、中間的な段階の理論です。反応を初めから予測し計算することは事実上不可能なので、一般理論に基づく関係式とデータとが矛盾しないかどうかを分析する。モデルとか根本的な理論をたてる前に、いちおう現象を理解するために必要な初期的なものですが、厳密な数学的根拠には立っている。

分散理論《ディスパーション》は光学からきている言葉で、たとえば光をプリズムに通すときいろいろな色に分かれますね。波長によって屈折率が違うわけで、だから屈折率は波長の関数になる。それがどういう関数であるか。因果律と相対論的な不変性を要請すれば、その関数はある一般的な形をとらなければならない。この理論をつかって関数を分析にかけることが可能になるというものです。ちょうどその頃、いわゆる強い相互作用、ハドロンの力学の研究が始まり、まだ根本的な理論もないし、計算の方法もわからないといったときに、これがとても役に立った。

分散理論を使う傾向が十年ぐらいは続いたでしょうか……。私も分散理論の数学的な構造に興味があっていろいろな仕事をしました。先日の「宴」でポリツァー君が言っていたジマンチックもこの頃から始めていたわけです。私はゴールドバーガーとはいちおう独立してやっていましたが、そのうちに、ゴールドバーガー、チュー、ロウと私の四人の連名で出した論文が二本出まして、それが相当有名になった。分散理論をパイオンとプロトンの散乱などにどう適用

するかを詳しく説明したものです。実際に論文を書くのにはあまり関与しなかったのだが、ゴールドバーガーとかなり詳しく問題点を議論していたために、結局、間接的に手助けしたという形になった。私がシカゴ大学のアソシエイト・プロフェッサーになった五六、五七年頃です。

おもちゃの使い方、モデルの考え方

分散理論のほかに、素粒子の構造、素粒子のモデルですね、これを作ることにやっぱり興味がありまして、それを続けていました。たとえば、中性のベクトル中間子を仮定したら磁気能率の説明ができるのでは、ということで「おもちゃ」を作ったりした。五七年頃でしたか……。それが二年後ぐらいに実験的に実証され、現在オメガメゾンと言われているものが見つかった。そういうことからだんだん、いわゆる現代のハドロン物理学が盛んになりだした。

その磁気能率の問題ですが、当時の理論で計算すると、それが思うようになかなか大きくなってくれない。それで、それを説明する対策として、パイ中間子でなくもうひとつ新しい、ベクトル中間子のようなものを入れたらいいだろうと考えた。数字とか数式をいじったり眺めた

りしていれば自然にそういう考えが出るわけです。

その頃はパイオンでも何でもみんな素粒子だと考えられていたので、素粒子が相互作用して束縛状態をつくる、つまり重い粒子とか共鳴状態のようなことがあるとは誰も予想していなかった。あの段階のものがつまり「素粒子」なんだ、もうこれ以上のものはないと考えられていました。ですから、私の説というのは、いわば予言になるわけで、言い出すのにやっぱり勇気が必要でした。おまえの言うとおりかもしれないけれど、いったいどこにその証拠があるのか、そんなものは必要ないじゃないかという調子で誰も本気にしてくれなかった。西洋的な考え方の伝統には、最少限の仮説、最少限のエレメントでできるだけ説明するという要請がありまして、無用なもの、今すぐ必要ないものは、とにかく絶対に必要になるまで公認しないんですね。

私はその頃、これは新しい粒子だと思っていました。そうでなくて、パイ中間子が三つくっついてできている、今で言えばクォークからできているというふうにも考えられるわけですが、私は新粒子として導入した。それから二、三年たって、今度はチューがもうひとつ「ロウ」という中間子が必要だと提唱した。何個かのパイオン同士が相互作用してロウやオメガを作るという立場が進められるようになったんです。そうするとハドロンは一種や二種でなくてひじょうにたくさんあり、どうも「素粒子」ではなさそうだということになってきた。けれども、チューは後のクォーク模型とは反対に、あらゆる粒子は同等の資格をもつという、いわゆる「ブ

ーツストラップ」の説をおおいに主張しだしました。

グラショウの「チャーム」というクォークの予言も私の場合と似ていましたね。前はただ興味本位に、そんなのがあったらいいかなと考えただけだった。ある意味では、なくてもべつに困らない。ただ、微妙な難点がひとつかふたつあって、それを解くためにチャームというのをひとつ入れてみたんですね。するとその問題がひじょうにうまく解決するということになる。

弦模型《モデル》を発想したときは、これとは少し違っていました。「ベネチアーノ模型」というのがありまして、これはある意味で、チューのブーツストラップの哲学を実際に数学的に表わしたような式です。ベネチアーノはそれを言ってみれば「天下り」式に見つけだした。……こう言うと語弊があるかもしれないけれど、実験の手がかりはいろいろあって、その手がかりを説明するにはどういう式をたてたらいいか、そう発想していって彼が見つけたわけです。実にみごとな、美しい式で、それを私が見たときに、その背後にどういう物理的な像《ピクチャー》があるか考えたんですね。そうしたら偶然に、弦の構造、弦の振動を記述するのと数学的に同じだということに気がついた。偶然と言っても、弦の振動なんてのは初等物理ですから、研究者ならすぐわかるはずです……。ただ、そのときに偶然のアナロジーをどれだけ真剣に、真面目に受けとるか、その差だと思います。たいがいは、それを単なるみかけ上のアナロジーと思って、本質的なアナロジーを見すごしてしまう。

私の立場というのは、何であれ、みかけ上のアナロジーがあれば、それを偶然のものと考えずに、その背後に本質的な、実体的な何かがあると考えたい。もっとも、私もその時はやはり本当に弦と考えていなくて、ただそれに近いであろうような問題である、としかとらえていなかった。本当に弦だと言いきれるようになるまでは数年かかりましたね。

これは余談ですが、弦模型に関連して四、五年前、ちょっとおもしろいことを考えつきましてね、生命というのは未だに最大の謎ですが、これを物理の方からちょっと夢みたわけです。今の物理では相互作用の種類は四つしかなくて、だから「場」というものも四種類あればいいと考える。それじゃ、それ以外の「場」は本当にないか、ということなんです。

カリフォルニア工科大学に弦模型の専門家で、ピエール・ラモンという人がいて、彼がひじょうにおもしろい方程式をたてた。普通ですと、粒子と粒子の間の相互作用を問題にするんですが、彼は弦と弦の間の相互作用をとりあげ、弦と弦の間に働くもっとも自然な力はどんなものかという問題を提起した。点のような粒子の間の自然な力というとクーロン場とか重力場とかになるわけですけれど、点でなくてヒモみたいな弦の場合はどうかと。

彼が出した式はとくに目新しくもなかったのですが、その解釈をめぐっていろいろ考えていたときに気がついたんです。弦の代りに流体の渦を考えてみようということです。水などの流体がぐるぐる回るときに、渦と渦の間にどんな力が働くか。普通の流体力学ではわかるんです

が、これを抽象化して相対論的にしたのが彼の式だった。

それでひじょうに興味が出てしまって、そういうものが実際に存在するか、存在するとすればどんな力か知りたくなった。ちょうどマックスウェルが昔、ファラデーの式を一般化したときにクーロンの力以外に電磁波が存在するということが自動的にわかったでしょう? それと同じことが言えるのじゃないか。つまり、相対論的な流体があれば、電磁波みたいに光速度で伝播するということもありうる。それは素粒子みたいに小さな渦かもしれないし、宇宙の中の大きな渦かもしれない。相対論的な流体力学が可能であることはラモンの式で示されたのだから、それじゃ、その渦の元《もと》になる芯、それは何か? それはどういう形で実在するか。ラモンの式というのはたいへんきれいな式なので、自然界に実在してもいいと思えるわけです。

まあ、あれこれ頭をひねって考えた末、こういうことを着想しました。よく西洋の宗教画で、キリストの頭の上に描かれる、ハーローといいますか、いわば心霊的な渦のようなものじゃないか。心霊的なやつですから、生命現象に関係しているかもしれないと。その場合、普通の渦と違って、真空の中でできるような渦ですから、それが光速度で伝わらないといけない。ただ、これはあくまで見当、アナロジーにすぎないので、私としてはそれだけでは困る。もう少し具体的に一歩先へ進む手がかり、物理的なリアリティがほしい。いまのところ、そんなことを夢想している。生命の問題はまだまったく未開拓の分野ですから、若い世代の人にぜひ取り組ん

でほしいですね。

◉「自発的な破れ」に至る紆余曲折

シカゴ大学に移って初期の頃、中野―西島―ゲルマンの法則の背後にある対称性の問題やパリティ非保存の問題などをもちろん考えていましたが、直接何もしていませんでした。特別新しいアイデアがなかったものだから論文にしなかったんです。

ところが、一九六〇年頃でしたか、ゲルマンの「八道説」が出た。それから物理学界全体がそっちの方へ移っていったんですが、それとは別に私が超伝導モデルの方に変わったのはいわば偶然でした。

五七年か八年頃、バーディン―クーパー―シュリーファーの超伝導の理論(BCS理論)というのが出まして、そのバーディンがたまたま近くのイリノイ大学にいたので私も多少知りあっていたわけです。シカゴにはヴェンツェルという、素粒子や多体問題、超伝導にも興味をもっていた長老がいました。そんなわけで、ある日シュリーファーがシカゴ大学に呼ばれて新しい理

論のセミナーをやりました。

このセミナーがきっかけで興味をもち始めたんです。最初の印象は……これは変だ、間違っているんじゃないか、おかしな近似を使っている、ということだった。それがどうしても気になったものだからだんだん深入りしてしまったのだが、結果的には正しいにちがいないと思うようになった。もっとも、正しいとわかるまでにやっぱり二年ぐらいかかりましたけどね。その結果、解釈方法として考えたのがいわゆる「対称性の自発的な破れ」だった。

これにともなって、ゴールドストーン・ボゾンと言われている現象——BCS理論の特殊な場合にすぎないんですが——これが一般的に存在するということに気がついた。この概念は、物性論の方ではそれまで知らずに使っていたものです。BCS理論というのをちょっと説明しますと……超伝導体の中にエキサイテーションを与えると、中の電子がエキサイトされて動く。その時の電子を記述するBCSの方程式があります。これが、ディラックの真空中の電子の方程式と形がひじょうによく似ている。その場合の電子は質量をもっていて、ひとつのパラメータになるわけですが、BCS理論の中に出てくるエキサイテーションを表わすパラメーター——つまりエネルギーのギャップ——と対応している。対応しているからには、もともと本質的なアナロジーがあるんだろう。それなら素粒子の方でも使ってみようと思ったわけです。

たまたまその頃、素粒子でひとつの謎というかパズルがありまして、「ゴールドバーガー・

トリーマンの関係」といわれたものです。これはパイ中間子の性質を記述する理論で、ゴールドバーガーとトリーマンが経験的に導き出した。導き出してはいるんだけれども、われわれにはいまひとつ納得いかないところがあったんですね。そこへさっきのBCS理論を使うと、そういう関係が自動的に出るとわかって、私の展開していた「自発的な破れ」のモデルの理論的な手がかりになった。

六一年頃ですね、これが起こりうるとしてどういう結論、結果が出てくるかを示すための、ひとつの数学的「おもちゃ」を作ったのは。ローマから来ていたヨナラシニオという若い研究員と一緒に論文を書いた。これがハイゼンベルクの非線形理論と実質的に同じタイプの理論なんで、ハイゼンベルクの理論を本質的に信じているから使ったんだと解釈している人が多いのですが、私としてはそういうつもりはない。あれは初めから意識的に私が選んだものです。取り扱いが簡単で、本質的な概念を説明するにはきわめて都合がよかったんです。

当時はチューのブーツストラップ理論とかの傾向の全盛期で、私の考えはそれとはまったく無関係だったものだから皆の関心をひかなかった。で、私としては、こういう考え方が実際に自然現象にあるということをどうやって皆に示そうか——これに数年間、精力を注いできたわけです。

その間、ゲルマンも私とは独立に、さっきの「ゴールドバーガー—トリーマンの関係」を説

明する理論を展開しましたが、彼の場合は形式的、抽象的な仮定のもとに答を出していた。それまではパラメータが多すぎて、どれをとっていいかはっきりしなかったのだが、カレント代数とかの数学的なテクニックが発達したことでパラメータがぐんと減って、現象の記述が整理されシンプルになりました。

最終結果はひじょうに似ていましたが、私の方のはあくまで力学的なイメージをもとにして解いていったものです。たとえば「ソフト・パイオンの定理」ですが、これは、エネルギーがきわめて弱い、波長の長いパイオンがつくる断面積を決定する理論なんです。「自発的破れ」をテストする方法として、カレント代数とか「ソフト・パイオンの定理」の理論展開に努めていたのですが、これが本当に数学的な成功をみるには、六六年、六七年頃までかかりました。ちょうど六六年でしたか、アドラーとヴァイスバーガーが「ソフト・パイオンの定理」をパイオンとプロトンの散乱に適用してみごとな成功をおさめまして、それからはみんなもこういうことに関心をもつようになったわけです。

こういう成功の背後にもうひとつ重要だったのは、なんといってもクォーク・モデルが出たことですね。六四年にゲルマンとツワィグが出した。当時はしかし、クォークなんていうのは数学的な記号でしかない、本質的な粒子と考える必要はないと思われていました。というのは、誰もが気がついたことですけれど、いわゆる「スピン統計の定理」というものが場の理論の中

にあって、電子とかプロトンとかクォークとか、スピンが½のものは、パウリとかフェルミの統計に従わなくてはいけないことになっている。逆にゼロとか1とかの整数のスピンをもつ、いわゆる普通の場はボース統計に従う、と。これはパウリが既に証明していた一般的な原理なんです。

ところが、クォークを使ってプロトンを作ろうとすると、クォークは「パウリの原理」に従わないような波動関係がないとうまくいかない。そうしないと実際のプロトンを説明できないんです。それで、単なる数学的記号だと考えるしかなかった。

私としては、そういうクォークみたいなモデルを考える以上は、やはり実体をその背後に考えないと気持が悪かった。――これは言ってみれば坂田流の立場ですけどね。それじゃ、これを説明するにはどうしたらいいかと考えるわけです。そのためにはもうひとつ自由度を入れて、いま「色」といわれているもの、クォークの種類をふやせばそういう統計の問題を避けることができる――そう気がついた。しかし、むやみにふやすわけにはいかない。せっかく単純化してなるべく少ない数で説明しようとしているのに、不必要にふやすのはみんな嫌う傾向がありますから、そういうことを言いだすには勇気がいりましたね。で、私もなるべく少なくしよう、少なく済ませようと考えていました。まず色をふたつにし、次に三つにふやすというふうに。

それでも最初はやはり、私がそういうことを言いだしても重要視されませんでした。そうか

もしれないけれど、べつに必要ないじゃないかと言われた。

私が始めていた「自発的破れ」の理論はハイゼンベルクの模型をもとにしていました。ハイゼンベルク模型は私の目的には都合がいいが、「繰り込み」ができないために満足な理論とは考えられていない。ところが、ヒッグス模型というのがあって、ボーム―パインズのプラズマ理論とも似ているものですが、こちらの方は繰り込みができて、場の理論にとってはひじょうに簡単で取り扱いやすい。と言っても、これはヘト・ホーフトの証明で初めてわかったことだが……。このヒッグス理論をそのまま使って、いわゆる弱い相互作用と電磁相互作用を統一する試みにあてはめたのが「ワインバーグ―サラムの理論」です。これが六七年頃に出た。

一方、プラズマでなく、超伝導を説明するために、むかしソ連のランダウが提唱した現象論がありまして、ヒッグス理論はいわばランダウ理論を相対論的にしたものです。このランダウ理論を基本法則から導き直したのがBCS理論と言えます。まあ、こうして理論の数学的な基礎が少しずつ整いはじめたわけです。

私としては、もっぱら強い相互作用の方に関心をもっていて、弱い相互作用っていうのはまだ実験的な手がかりも少なかったし、本格的に取扱う気があまりなかった。ですから、ワインバーグとサラムがやっていたことに特別強い感銘を受けなかったんですけれども、だんだんとやはり、その意義がわかってきたような具合です。その当時はまだ中途段階のものとして考え

られていたんですが、昨年あたりからそうでもなくなってしまいましたね。ただ、究極的にそれが根本的なものかどうか、私には疑問なんですが……。

◉

フレキシブルな思考が素粒子の未来を招来する

物理にもいろいろな方向があって、理論物理と言っているときは、広い意味での理論的な考え方、根本的な原理、そういうものを問題にする。私の方は素粒子物理をやっているわけですから、根本的な原理とかを問題にする以外に、未知の領域、新しい粒子や相互作用を発見する、そういう方向への努力を今後も続けたいと考えている。いま、素粒子に関してわからないことが山ほどありますけれども、それだからこそ素粒子物理学にはまだまだ未来があるんじゃないかと思うんです。

たとえば、いまもクォークがつぎつぎと発見されていますが、そのクォークにもいろんな重さのが出てきて、その出方がまったくデタラメで秩序がないようにみえる。もっと種類がふえれば昔のハドロンの時代を繰り返す可能性だってあります。

力の場も、重力場、電磁場、強いの、弱いの、と四種類ということになっていますが、それ以外にないとも限らない。また、それらが全部、ひとつの場の違った現われ方なのかもしれないというスペキュレーションもありますけれども、そこまで言い切るには実験的にチェックするテクノロジーがない。時間もまだまだかかるでしょう。

このように粒子がいくつも発見されて、それがいろいろな質量をもっていること、これがいまの私の最大の疑問ですね。何か偶然のようにしか見えない。それをいったいどう解決するか。疑問を投げかけても、解決のしようがないと困るわけで、いまのところないんですが、とにかくどうやって考えていくか、どうアプローチするか、それをさぐっている。手がかりがないことには前に進めないですから、いつまでたっても進歩がない。そういうときはいちおう、その問題を忘れた方がいい場合もあるし、いろいろ試行錯誤しながらいくというテもある。もちろん全体の方向は意識してないといけないんですが、それとは別に目先のことだけを考えればいいということもある。やっぱり部分にも全体が反映しているわけですから、小さいことから出発するのも大事で、そうしないと進歩しないと思うんです。大きな構想をもって世界の問題を解決すると言っても、それを具体的にどうするかということがわからなければ、少なくとも研究者として意味がない。具体的な問題をつっついていくのが研究者の仕事というものです。

この意味で、ハイゼンベルクのような一元論的な発想は時期尚早だったと思います。むしろ

遠い将来の問題です、かれが言っていたことは。いまでは当り前のようにみえることでも、一九三〇年代当時、いろいろわからない現象があった。たとえば電磁シャワーの問題。いまでは電磁力学で原因を説明できますが、当時はわからないものだから、ハイゼンベルクは、これは新しい現象としてまったく違う理論をたてなきゃいかんと言った。ところが、すぐ後でほかの人がそれまでの理論でちゃんと説明してしまった。

その上、エネルギーがどんどん上がれば、いままでの御膳立て——理論とか量子力学——が全部壊れるかもしれないと予想して、すぐ勇壮雄大な理論を立てようとした。しかし、そういう試みはたいてい失敗してきたし、いままでの量子力学を少しずつ伸ばしていくだけで説明がついてきた。いまのところ、そいつが当分続きそうなんです。現在の繰り込み理論はプロトンの質量の10^{19}倍ぐらいの夢のようなエネルギーになれば、初めて壊れるだろうと思われているけれども、そうかもしれないし、そうでないかもしれない。

それにしてもハイゼンベルクの立てた理論はあまりにもおそまつだった。新しいことは何も予言できなかったし、いままでに知られている現象をすべてひとつの方程式で説明できるんだと主張したけれど、結局全部失敗した。彼のやったことは手品にすぎません。ひとつの方程式で、と言いながら、そこには根本的原理などなかったし、美しさもなかった。彼はあらゆる知識と概念を自由自在に使っていたけれども、その中には意味のある考えもあったし、ぜんぜん

意味のないくだらないものもたくさんあった。全体としてはなんの意味もなかったと言えます。むしろ、坂田さんのように、細かいことにこだわらないで、「こうだ」と言った方がまだ意味があるし、フレキシブルだと思うんです。

私はとにかく、あまり大げさな大原理から出発するよりも、現在わかっている事実を根拠にして、それをひとつの手がかりとしてもう少し先へ進んでいこうというつもりなんです。そうすれば先がだんだんに見えてくる。そういうものです、研究というのは。

いまのところ、ひとつ解けていない問題がありまして、それにひっかかっています。クォークの「閉じ込め」のことですけれど、みんなはクォークは閉じ込められているものと信じているし、いろんな理論もでています。しかし、どの理論をみてもどうしても腑に落ちない。確信できない。どうすればこういうものができるか、未だにわからないで困っています。だから、言いかえれば、「閉じ込め」というのはウソかもしれない。しかも、ぜんぜんわからないのでもなくて、まがりなりにも納得できるというやっかいな状況なんです。

クォークの種類に対する疑問と同じで、いまのところ問題にどうやって取り組むか、そのアプローチを考えています。

◉日本の素粒子物理学のために

今回の高エネルギー物理学会議をふりかえると、日本の物理学界が戦後低調だと言われながらも、やはり湯川さん、朝永さんらの業績と伝統もあって、いちおうの水準を保ってきたことが高く評価されたのだと思います。戦後日本の社会的、経済的事情のために、戦前に較べると理論と実験のつりあいがくずれていますが、小規模ながら筑波にも新しい加速器ができたし、実験的裏づけという面での進展はこれからに待つ、といったところです。筑波の加速器による研究成果をデビューさせるという意味も、今回の会議にはありました。

ただ、日本では大規模であっても、世界的な水準に照らすと、言ってみれば「おもちゃ」みたいなもので、こういうものを育てる風潮がないとだめです。つまり、日本はこれまで、高度成長のために科学技術の方にはずいぶん力を注いできたけれども、即座に役に立つものではない、純粋科学的な研究の方もバックアップする余裕と意志がないと、本当の進歩にはつながらない。そういうことを、今回帰国して学内学外の方がたに盛んに強調してきたつもりです。ある程度の理解は得られたようですが、あとは実行の問題ですね。

もうひとつ、関連して感じたのは、若い世代の物理学者の問題です。アメリカに来てからも若い人の世話をする機会が多かったので、自然、気がかりなわけですが、どうもこの頃の世代は頭は確かにいいのに、どこか物足りない。日本にかぎらず、世界的な傾向のようです、これは。研究環境がひじょうに不利なせいもあります。教授対弟子という旧来の体制の問題とか、雑用が多いとか、能率の悪い時間の使い方を強いられているとか……。中堅クラスにいる人が研究費の獲得とか政治的なことで奔走していて、活発に研究しているという印象がない。そのために、さらに若い人たちがやっている研究成果をまともに評価する基盤がその人たちにはなくなっている。研究に集中しなくてはせっかくの能力もなくなるし、本当には見えてこない。

それとやはり、第一線に立って科学の仕事をしている気概といいますか、それがどうも希薄です。私も若いときは、あまり自信のある方ではなかったのですが、それでも何か新しい道を開拓しよう、新しい謎に挑んでみようという気持ちはありました。ところが、このごろの人は簡単にこちらが監督できてしまう。つまり、こっちが何かをやらせようとすると、向うの方が先に何か見つけだす、こっちが変だと思っても、向うがどんどんやってしまう、そういう予測しがたい（笑）学生が本当に少ない。たとえばゲルマンみたいな……。あれはすごい男でしたね。コントロールどころか、こっちの方がたまげてしまった。ファインマンなんかもそうでした。頭がいいというだけでなくて、性格というか、純粋な好奇心というか、いい意味でのエゴです。

画一化。よく言われることですが、日本はとくにひどい。科学者が画一化してしまった。サラリーマン化してしまった。教育体制全般が、点数をつけて規定の道に従っていかないと先に進めない構造になっている。決して日本だけではないが、単純な好奇心の芽が生まれる前からつまれてしまっている。物理みたいな分野だと、スポンテニアスなところがないとやっていけないはずなのに……。独創的なことをやるには、よっぽどの能力がないとできないのですが、それには人をまとめていく統率力とリーダーシップも必要です。

まあ、こういうことは少しずつ改善できるでしょうが、ますますその要請が切実になると思います。今後も大きな装置をつくるとなると、実験をやる相当数の人を養成しなくてはなりません。今の数ではどうしても足りないから、設備のあるところで経験をつんでもらわないと。日本はほかの面では第一線に立っているが、この点では遅れています。相手国の側でばかり留学費用、養成費用を負担してもらうのでなくて、日本の側でそれをやっていく体制に変えるべきでしょう。

科学者としていちばん大事なことは、どの実験、どのデータを信じるか、その判断力をもつことだと思います。つまり、何ものも金科玉条としないこと。ある実験が行なわれて、みんなはそれを信用する。いままでの理論と合わないと今の理論をすぐ変えて実験に合わせようとするでしょう? そしてしばらくたつとあの実験は間違っていたとわかって、やっぱり初めの

単純《シンプル》な理論の方がよかったということになる。——こういう事情を私などはそれこそいやというほど体験しているわけです。

素粒子物理というのは実験科学でして、その実験が実はたいへん難しい。信用に耐えないような結果も多い。だからこそ、どんな人がどれだけのどういう実験をし、どういう分析をしたか、その詳細を知らなくちゃいけない。そういうことは、ただ机に向って論文を読んでいたのではわかりません。日本なんかには欠けていることですが、交流というか、コミュニケーションが本当に大事で、その意味では物理学はひじょうに人間的な科学だと言えます。

(一九七九年一月、シカゴ大学フェルミ研究所にて。interviewer＝内田美恵)

素粒子年表
素粒子主要概念譜

素粒子年表

1897—J・J・トムソン、陰極線の粒子性（電子）発見

1900—M・プランク、熱輻射の理論でエネルギー量子を仮説する。

1903—J・J・トムソン、原子模型発表／長岡半太郎、原子の「土星モデル」を発表

1905—アインシュタイン、光量子仮説、ブラウン運動の理論、特殊相対性理論を相ついで発表

1909—ミリカン、油滴の実験により電気素量を精密に測定

素粒子主要概念譜

素粒子　一九世紀末に確立された「原子」（アトム＝不可分割者）という概念は、今世紀初頭、さらにその背後の基本粒子「電子、陽子、中性子」などによって分割されることになった。この物質の窮極像と思われた「素粒子」は一九四七年宇宙線中の新粒子発見以降、加速器によっても続々仲間がふえつづけ、現在では共鳴状態も加えると、理論的には無限個あるとも考えられる。代表的な素粒子の一覧は表1参照。

量子数　素粒子の探求が進むにつれ、「似ているものと違うもの」の判別のために導入された数値。「荷電」、「スピン」（素粒子の固有角運動量）、「パリティ」（空間の左右反転に区別のない粒子をプラス、ある粒子をマイナスとする）、「アイソスピン」（仮想的な荷電空間における回転。ハイゼンベルクが陽子と中性子を「似たもの」として扱うために導入）、「重粒子数」「奇妙さ」（ともに宇宙線中で発見された新粒子の判別のために導入）などがある。量子数のあいだには

（荷電）＝（アイソスピンの成分値）＋（奇妙さ＋重粒子数）/2

1913—N・ボーア、原子構造とスペクトルの量子論確立

1915—アインシュタイン、一般相対性理論／ゾンマーフェルト、スペクトル線の微細構造論展開

1919—ラザフォード、アルファ粒子による原子核破壊の実験

1920—ラザフォード、中性子を予想

1923—ド・ブロイ、物質波を提唱

1924—「ボース—アインシュタイン統計法」の確立

1925—ハイゼンベルク、マトリック

という関係式が成立する。

表1＝素粒子一覧

		粒子名	記号	質量 (MeV)	量子数 電荷	重粒子数	スピンとパリティ	アイソスピン	奇妙さ
軽粒子（レプトン）		電子	e^-	0.5	−1		$1/2$		
		電子ニュートリノ	ν_e	0	0		$1/2$		
		ミューオン	μ^-	106	−1		$1/2$		
		ミューオンニュートリノ	ν_μ	0	0		$1/2$		
		タウ	τ^-	1900	−1		$1/2$		
		タウニュートリノ	(ν_τ)	0?	0		$1/2$		
ハドロン	重粒子（バリオン）	核子 陽子	p	938	+1	+1	$1/2^+$	$1/2$	0
		核子 中性子	n	940	0				
		ラムダ粒子	Λ	1116	0	+1	$1/2^+$	0	−1
		シグマ粒子	Σ^+	1190	+1	+1	$1/2^+$	1	−1
			Σ^0	1193	0				
			Σ^-	1197	−1				
		グザイ粒子	Ξ^0	1315	0	+1	$1/2^+$	$1/2$	−2
			Ξ^-	1321	−1				
		デルタ粒子	Δ^{++}	約1230	+2	+1	$3/2^+$	$2/3$	0
			Δ^+		+1				
			Δ^0		0				
			Δ^-		−1				
	中間子（メソン）	パイ中間子	π^+	140	+1	0	0^-	1	0
			π^0	135	0				
			π^-	140	−1				
		ケイ中間子	K^+	494	+1	0	0^-	$1/2$	+1
			K^0	498	0				
			$\bar{K}^0$	498	0	0	0^-	$1/2$	−1
			$\bar{K}^-$	494	−1				
		イータ中間子	η^0	545	0	0	0^-	0	0
		エフ中間子	f^0	約1270	0	0	2^+	0	0

素粒子論　一九三四年湯川秀樹が「核力の場の理論」として中間子論を展開して以来、ミクロの世界の構造をめぐる論議は盛んに行なわれてきたが、宇宙線や大加速器によってつぎつぎに新しい粒子が発見されると、物理学者の立場もはっきりとした拠点を明かさざるを得なくなってきた。第一は多彩

ス量子力学の創始／パウリ、「パウリの排他律」を提唱

1926―シュレディンガー、波動量子力学を樹立／フェルミ、「フェルミ統計法」を確立する。

1927―ハイゼンベルク、「不確定性原理」提唱

1928―ディラック、相対論的電子方程式を提示

1929―ハイゼンベルクおよびパウリ量子電磁力学創始

1930―ディラック、空孔理論で陽電子を予言

になった素粒子は、さらに基本的な素粒子の複合体であるという発想で、陽子、中性子、ラムダ粒子の三種を基本粒子とした坂田模型にはじまり、ゲルマンの八道説からクォーク理論までさまざまなモデルが提出されている。第二は素粒子の背後の基本構造を問う方向で、ハイゼンベルクの「非線型スピノル場の理論」や時空の基本構造を論ずる湯川秀樹の「素領域理論」などがある。第三は「素粒子の背後」は問わずに観測可能な諸量の関係づけに専心する立場で、分散公式の理論やチューの「ブーツストラップ理論」などが挙げられる。

クォーク　一九六四年、ゲルマンとツヴァイクが提唱した基本構成子。数がふえる一方の素粒子を整理するために、u、d、sの三種類のクォークですべてのハドロンが構成されるとした。高エネルギーの実験が加速器内で行われるにつれ、c、bの二種が追加され、「対性」への期待から「tクォーク」までが仮想されている。これらクォークの「フレーバー」(香り＝種分け)とは独立に、各クォークはそれぞれ三種の「カラー」(類)を持つといわれる。これはグリーンバーグや南部陽一郎らがスピンと統計性の矛盾を検討して導入した

1931—パウリ、ニュートリノ仮説

1932—アンダーソン、陽電子の発見／チャドウィック、中性子の発見

1933—フェルミ、ベータ崩壊の理論

1934—湯川秀樹、核力の場の理論で中間子仮説を提示

1937—アンダーソンおよびネッダーマイヤー、宇宙線中の新粒子（ミュー中間子）発見／湯川秀樹、坂田昌一、スカラー中間子場の量子化

1938—ディラック、多時間理論発表／湯川秀樹、坂田昌一、武谷三男、ベクトル場の量子化

概念で、ハドロンは必ずこの「三原色」をとりまぜて構成されているとみなされる。クォーク一覧は表2参照。

表2＝クォーク分類表

名称（フレーバー）	記号	質量	電荷	重粒子数	スピンとパリティ
アップ	u	?	+⅔	+⅓	½⁺
ダウン	d	?	−⅓	+⅓	½⁺
ストレンジ	s	?	−⅓	+⅓	½⁺
チャーム	c	?	+⅔	+⅓	½⁺
ボトム	b	?	−⅓	+⅓	½⁺
（トップ）	(t)	?	+⅔	+⅓	½⁺

★各クォークとも三色の「カラー」を持つ

クォーク理論　ゲルマンがジョイスの『フィネガンズ・ウェイク』の"Three quarks for Muster Mark!"からその名を採ったという虚実皮膜の伝説まで生んだ「クォーク」は、粒子そのものを発見できないことはもとより、自然界には半端な電荷は見当らないことなどから「幻の粒子」とされていたが、近年、場の理論の数学的アプローチをまきこんで、国際物理学界では、もはや前提とされている。ただし「素粒子の背後に新たな素粒子を構想することは悪無限進行になる」という

1942—坂田昌一、谷川安孝、井上健、二中間子理論提唱

1943—朝永振一郎、超多時間理論／ハイゼンベルク、S行列の理論

1947—パウエル、ラッテス、写真乾板で二中間子確認／ロチェスター、バトラー、宇宙線中にV粒子発見

1948—ガードナー、ラッテス、パイ中間子の人工創生／朝永振一郎、シュウィンガー、ファインマン、繰り込み理論完成／湯川秀樹、非局所場の理論提唱

1950—フェルミほか、最初の共鳴状態の発見／南部陽一郎、ベーテ＝サルピーター＝南部方程式を導く

D・ボームらの疑念は留保されたままの状態にある。

QCD（quantum chromodynamics 量子色力学） 三色のカラーを持つクォークの強い相互作用を記述する相対論的量子力学。QED（quantum electrodynamics 量子電磁力学）に比肩しうる数学的構造を扱っている。

ゲージ場の理論　一九五四年、ヤンとミルズがマックスウェルの電磁場理論の拡張として「ヤン－ミルズ場」を論じたことによって注目を浴びた数学理論。マックスウェルの電磁場、アインシュタインの重力場も「ゲージ場」の一例として再確認された。その一般的な特徴は、①保存量（電荷やエネルギー）がそれに比例した力の場（電磁場や重力場）の源となる。②力の場はクーロン型（遠達力）で量子としてはゼロの質量をもつ。電磁場が「アーベル（可換）ゲージ場」であるのに対して、重力場やクォーク間の力の場は「非アーベル（非可換）ゲージ場」として記述される。自然界の四種の基本的な相互作用、「強い相互作用」「電磁力」「弱い相互作用」「重力」のいずれもが「ゲージ場」として記述されることから、大統一理

1953—ハイゼンベルク、非線型場理論を提唱

1954—ヤンおよびミルズ、非アーベルゲージ場の理論を展開

1955—坂田昌一、複合模型を提示

1956—リーおよびヤン、弱い相互作用におけるパリティ非保存説発表

1957—バーディン、クーパー、シュリーファー、BCS理論確立

1959—レッジェ、レッジェ仮説提唱

1960—ネーマン、ゲルマン、八道説／南部陽一郎、BCS理論の「対称性の自発的破れ」に関する考察

論への方法的武器として各種の試みが企図されている。↓表3、4参照。

表3＝四種の基本相互作用

相互作用	力の例	強さ	到達距離	媒介する粒子	理論体系
強い相互作用	核力	1	10^{-13}cm	中間子	量子色力学(QCD)
	クォーク間の力	～0.1?	∞?	グルーオン	
電磁力	分子間の力	$\sim 10^{-2}$	10^{-8}cm	光子(フォトン)	量子電磁力学(QED)
	クーロン力		∞		
弱い相互作用	ベータ崩壊	$\sim 10^{-5}$	10^{-16}cm	W,Z粒子	ワインバーグ-サラム理論
重力	万有引力 ブラック・ホール	$\sim 10^{-38}$	∞	重力子(グラビトン)	一般相対性理論

表4＝四種の相互作用の統一構想

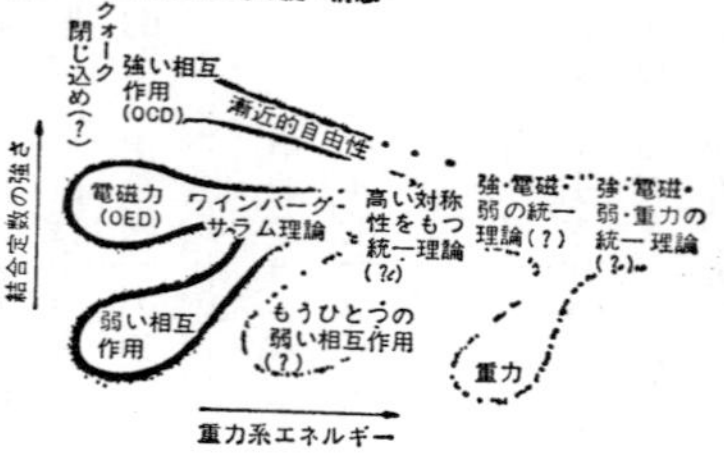

BCS理論　一九五七年、バーディン、クーパー、シュリーファーの三人によって数学的に整えられた超伝導の理論体系。ここで登場した「対称性の自発的破れ」を素粒子論に持ちこんだのは南部陽一郎らの類推力によっている。

ワインバーグ-サラム理論　一九六七年、ワインバーグとサラ

1961—チュー、ブーツストラップ理論/南部陽一郎、素粒子の超伝導体模型提示

1964—ゲルマン、ツヴァイク、クォーク模型発表

1965—南部陽一郎、三重クォーク模型で「カラー」に相当する概念導入

1967—ワインバーグおよびサラム、それぞれ独立に弱い相互作用と電磁相互作用の統一理論を成就

1968—湯川秀樹、素領域理論の展開

1970—南部陽一郎、クォークのヒモ模型により閉じ込め説明

ムによって、それぞれ独立に提示された電磁相互作用と弱い相互作用の統一ゲージ理論。つなぎになったのは「対称性の自発的破れ」だった。

クォークの閉じ込め　クォークをとり出す実験がことごとく失敗に帰したため、自由なクォークを否定してハドロンの内部に永久に閉じ込めようという理論がいくつか提出されている。ひとつはQCDの基礎にあるゲージ理論から直接生まれたもので、クォークの相互作用を「漸近的な自由な場」の理論として扱う。このような場においてはクォーク間の距離が大きくなればなるほど拘束性が強くなるので、単独クォークはとりだせない(漸近的自由の項参照)。さらにモデル的な発想としては、ベネチアーノや南部陽一郎らによる、ヒモ(弦)模型が提出されている。クォークは質量ゼロで張力のみが作用するヒモで結ばれ、単独に取り出そうとしても引き戻されてしまうとする。仮にポテンシャルの壁を越えることができたとしても、そこに注がれた高エネルギーによって、新しいクォークが生まれ、ヒモの端についてくる。われわれの目にとってはこれは「中間子の発生」と映るほかない。

1971—ヘト・ホーフト、ワインバーグ—サラム理論の繰り込み可能性を証明

1973—ポリツァー、強い相互作用における漸近的自由の場の理論展開

1974—スタンフォードのリヒター、ブルックヘブンのティン、プサイ粒子の発見を同時に発表

1977—アメリカ共同研究グループ、ウプシロン発見

1978—西ドイツの加速器研究所、ウプシロンの質量測定に成功/東京で第19回高エネルギー物理学国際会議開催、つづいて「素粒子の宴」開宴

漸近的自由　一九七三年、D・ポリツァーらは「漸近的に自由な場」の理論としてクォークの閉じ込めを説明した。カラー電荷をもつクォークは、そのまわりに同じ符号のカラー電荷を誘起する。その結果、クォークのカラー電荷は近距離で最も小さくなり（紫外解放性）、遠ざかるにしたがってますます大きくなる（赤外拘束性）。この高エネルギー領域におけるクォークの「自由」は漸近的に近づきうるのみという。

ファインマン・ダイアグラム　一九四九年、ファインマンによって考案された相互作用見取図。↓図1参照。

図1

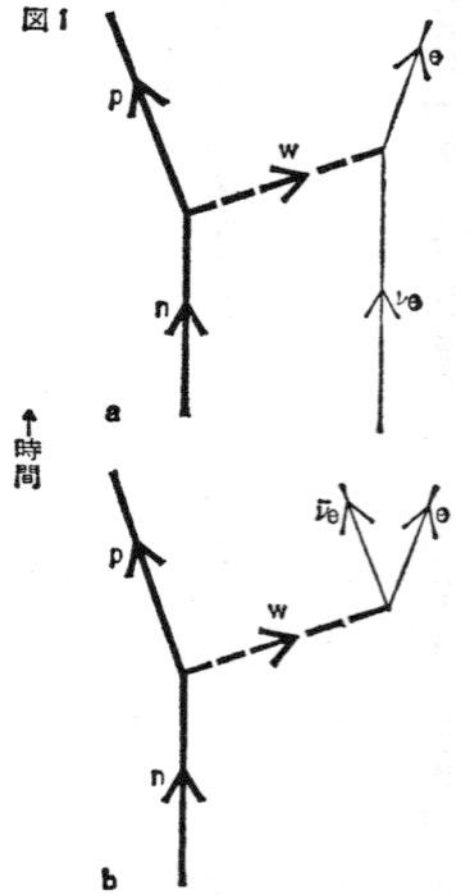

弱い相互作用をファインマン図形で示す。aはニュートリノの中性子による散乱。bはベータ崩壊。w粒子は電磁散乱の光子に対応する役割を果たす中間ベクトルボゾン。aとbの対称性に注目。時間の流れは下から上に経過する。

主要論文一覧

南部陽一郎

1 A Note on the Eigenvalue Problem in Crystal Statistics, Prog. Theor. Phys. 5：1 (1950). （結晶の統計力学における固有値問題に関する1考察）
アイジング・モデルなどの数学的取扱い。

2 The Use of the Proper Time in Quantum Electrodynamics, Prog. Theor. Phys. 5：82 (1950). （量子電磁力学における固有時の導入）
固有時を導入してファインマン理論を解釈した。

3 Force Potentials in Quantum Field Theory, Prog. Theor. Phys. 5：614 (1950). （量子論的場の理論における力のポテンシャル）
いわゆる「ベーテ－サルピーター方程式」はこの中にある。

4 On the Nature of V-Particles, I, II, (with K. Nishijima & Y. Yamaguchi), Prog. Theor. Phys. 6：615, 619 (1951). （V粒子の性質について）
いわゆるストレンジ・パーティクルの解釈に関するもの。対発生の概念が提唱される。

5 On Lagrangian and Hamiltonian Formalism, Prog. Theor. Phys. 7：131 (1952). （ラグランジュ形式、ハミルトニアン形式について）
学位論文。

6　An Empirical Mass Spectrum of Elementary Particles, Prog. Theor. Phys. 7 : 595 (1952). （素粒子の質量スペクトルに対する経験法則）

7　The Collective Description of Many-Particle Systems : a Generalized Theory of Hartree Fields, (with T. Kinoshita), Phys. Rev. 94 : 598 (1954). （多体問題の集団的記述――ハートリー場の１般理論）

多体問題の１般論。

8　Application of Dispersion Relations to Low Energy Meson-Nucleon Scattering, (with G. F. Chew, M. L. Goldberger & F. E. Low), Phys. Rev. 106 : 1337 (1956). （低エネルギー中間子―核子散乱に対する分散理論の応用）

分散理論を具体的問題に応用した典型例。

9　Relativistic Dispersion Relation Approach to Photomeson Production, (with G. F. Chew, M. L. Goldberger & F. E. Low), Phys. Rev. 106 : 1345 (1956). （光による中間子生成に対する相対論的分散理論の適用）

８に同じ。

10　Possible Existence of a Heavy Neutral Meson, Phys. Rev. 106 : 1366 (1957). （重い中性中間子の可能性）

オメガメゾンの存在を予期した。

11　Parametric Representations of General Green's Functions, Nuovo Cimento Ser. X, 6 : 1064 (1957). （一般グリーン関数のパラメータ表現）

グリーン関数の構造に関する一般公式。

12 Dispersion Relations for Form Factors, Nuovo Cimento IX : 610 (1958). (形状因子の分散理論)
複合粒子の構造因子に異常しきい値が存在することを指摘した。

13 Quasi-Particles and Gauge Invariance in the Theory of Superconductivity, Phys. Rev. 117 : 648 (1960).
(超伝導理論における準粒子とゲージ不変性)
BCS理論でゲージ不変性が自発的に破れていることについての考察。

14 Axial Vector Current Conservation in Weak Interactions, Phys. Rev. Lett. 4 : 380 (1960). (弱い相互作用における軸性ベクトル・カレントの保存)
パイオンとカイラル対称性の破れとの関係を最初に指摘した。

15 A Dynamical Model of Elementary Particles Based on an Analogy with Superconductivity, I, II, (with G. Jona-Lasinio), Phys. Rev. 122 : 345, 124 : 246 (1961). (超伝導体のアナロジーによる素粒子の力学模型)
素粒子の超伝導体模型。

16 Chirality Conservation and Soft Pion Production, (with D. Lurie), Phys. Rev. 125 : 1429 (1962).
(カイラリティ保存とソフトパイオン生成)
ソフトパイオンの定理を導く。

17 Soft Pion Emission Induced by Electromagnetic and Weak Interactions, (with E. Schrauner), Phys. Rev. 128 : 862 (1962). (電磁相互作用、弱い相互作用によるソフトパイオンの放出)
前記16の応用。カレント代数的な概念も現われる。

18 A Three-Triplet Model with Double SU(3) Symmetry, (with M. -Y. Han), Phys. Rev. 139B :

1006 (1965). （二重SU（3）対称性をもった三重クォーク模型）
整数荷電クォーク模型。いわゆる色（カラー）量子数を導入。ただし、カラーという名はまだなかった。

19 A Systematics of Hadrons in Subnuclear Physics, "Preludes in Theoretical Physics", (A. De-Shalit et al., eds.), North Holland Publ. Co., Amsterdam, (1966), p. 133. （基本粒子の物理学におけるハドロンの体系）
クォークの結合エネルギーと色量子数との関係を論ずる。QCDの前駆。

20 Nonleptonic Decays of K-Mesons, (with Y. Hara), Phys. Rev. Lett. 16 : 875 (1966). （K中間子の非レプトン崩壊）
ソフトパイオン定理の応用。

21 Nonleptonic Decays of Hyperons, (with Y. Hara & J. Schechter), Phys. Rev. Lett. 16 : 380 (1966). （ハイペロンの非レプトン崩壊）
前記20と同じく、ソフトパイオン定理の応用。

22 Relativistic Wave Equations for Particles with Internal Structure and Mass Spectrum, Prog. Theor. Phys. Supp. 37 & 38 (1966). （内部構造と質量スペクトルをもった粒子の相対論的波動方程式）
無限成分波動方程式の具体的な例を論ずる。

23 Infinite Component Wave Equations with Hydrogenlike Mass Spectra, Phys. Rev. 160 : 1177 (1967). （水素型質量スペクトルをもった無限成分波動方程式）
水素原子を無限成分波動方程式で扱う。

24 S-Matrix in Semiclassical Approximation, Phys. Lett. 26B : 10 (1968). （準古典論的な近似におけるS

行列）
場の理論におけるＷＫＢ展開とその意味づけ。

25 Quark Model and the Factorization of the Veneziano Amplitude, (talk presented at Int. Conf. on Symmetries and Quark Models, Wayne Univ., 1969), Gordon & Breach (1970). （クォーク模型とベネチアーノ振幅の因子化《ファクトリゼーション》）
いわゆる「ヒモ模型」の出発点となったもの。

26 Axial-Vector Form Factor of Nucleon Determined from Threshold Electropion Production, (with M. Yoshimura), Phys. Rev. Lett. 24 : 25 (1970). （しきい値エネルギーの電子によるパイオン生成から核子の軸性ベクトル形状因子を決定）
前記17を使ってデータを分析した。

27 Gauge Conditions in Dual Resonance Models, (with F. Mansouri), Phys. Lett. 39B : 375 (1972). （二重共鳴模型におけるゲージ条件）
ヒモ模型の幾何学的解釈。

28 Generalized Hamiltonian Dynamics, Phys. Rev. D7 : 2405 (1973). （一般的なハミルトニアン力学）
三次元の位相空間をもつ新しい力学。

29 Strings, Monopoles and Gauge Fields, Phys. Rev. D10 : 4262 (1974). （ヒモ、単磁極およびゲージ場）
クォークを単磁極とみなしてヒモ模型を導く。

30 Strings, Vortices and Gauge Fields, (talk given at Rochester Conf., 1976), "Quark Confinement and Field Theory", (D. R. Stump & D. H. Weingarten eds.), John Wiley & Sons (1977), p. 1. （ヒ

モ、渦およびゲージ場)
ゲージ場、ヒモ、流体的渦などの間の関係を論ずる。

31 Stringlike Configurations in the Weinberg-Salam Theory, Nuc. Phys. B130 : 505 (1977). (ワインバーグ－サラム理論における「ヒモ」構造)
ワインバーグ－サラム理論の中に「ヒモ」のような解が存在することを指摘。

32 Topological Problems in Gauge Theories, (invited talk at UCLA Symposium in honor of Julian Schwinger on the occasion of his 60th birthday), to be published in Physica. EFI 78/13. (ゲージ理論におけるトポロジーの問題)
トポロジカル・ソリトンなどに関する一般的考察。

33 QCD and the String Model, (submitted to the 19th Int. Conf. on High Energy Physics, Tokyo, August, 1978), Univ. of Tokyo Preprint & Phys. Lett. 80B : 372 (1979). (QCDとヒモ模型)
色のゲージ理論とヒモ模型との数学的関係を導く。

34 Concluding Talk at the 19th Int. Conf. on High Energy Physics, Tokyo, August, 1978, "Conference Proceedings", (Homma et al. eds.), Phys. Soc. Japan (1979), p. 971. (第19回高エネルギー物理学国際会議総括講演)
素粒子物理の現状に関する展望。

35 Quark Confinement : the Cases For and Against, (talk given at the Jerusalem Einstein Centennial Symposium, March, 1979), EFI 79/26. (クォーク閉じ込めに関する考察)

36 素粒子物理学の展望(『日本物理学会誌』第28巻、452, 1973)

37 新粒子について（『日本物理学会誌』第30巻、199, 1975）

38 素粒子（『日本物理学会誌』第32巻、11, 1977）

39 素粒子論研究（『日本物理学会誌』第32巻、773, 1977）

H・D・ポリツァー

1 Reliable Perturbative Results for Strong Interactions? Phys. Rev. Lett. 30 : 1346 (1973). （強い相互作用において信頼できる摂動論的結果は得られるか）

ゲージ理論における漸近的自由の発見。

2 Heavy Quarks and $e^+ e^-$ Annihilation, (with T. Appelquist), Phys. Rev. Lett. 34 : 43 (1975). （重いクォークとe^+e^-消滅反応）

J／ψのチャーム・クォークによる解釈および強い相互作用における重いクォークの効果を初めて計算する。

3 Precocious Scaling, Re-Scaling, and ξ-Scaling, (with H. Georgi), Phys. Rev. 36 : 1281 (1976). （早期スケーリングおよび再スケーリング、ξスケーリング）

クォーク質量の概念を厳密に定式化し、電子—陽子散乱実験の詳細な分析を行なう。

4 Freedom at Moderate Energies : Masses in Color Dynamics, (with H. Georgi), Phys. Rev. D14 : 1829 (1976). （高くないエネルギーにおける自由度——カラー力学における質量）

前記3に同じ。

5 Effective Quark Masses in the Chiral Limit, Nucl. Phys. B117 : 397 (1977). （カイラル極限における

有効クォーク質量)

前記3に同じ。

6 Gluon Corrections to Drell-Yan Processes, Nucl. Phys. B129 : 301 (1977). (ドレルーヤン過程に対するグルーオン補正)

高エネルギーのあらゆる粒子衝突にQCDを適用する際の計算方法を定式化。

7 QCD Off the Light Cone and the Demise of the Transverse Momentum Cut-Off, Phys. Lett. 70B : 430 (1977). (光錐外でのQCDおよび横運動量切断の撤廃)

前記6に同じ。

8 Factorization and the Parton Model in QCD, (with R. K. Ellis, et al.), Phys. Lett. 78B : 281 (1978). (QCDにおける因子化《ファクトリゼーション》とパートン模型)

前記6、7で提唱した計算方法の無矛盾性を形式的に証明。

9 Perturbation Theory and the Parton Model in QCD, (with R. K. Ellis, et al.), Caltech Preprint CALT68-684. (QCDにおける摂動論とパートン模型)

前記8に同じ。

宴を終えて――ティー・タイムのクォーク談義のために

『素粒子の宴』は、南部陽一郎博士が昨年、アジアで初めて開催された高エネルギー物理学国際会議のまとめ役として会議準備のために来日した際、工作舎に立ち寄り、松岡、十川と交わした会話の中から生れました。日本ではクォークについてまとまった形で紹介する書物が渇望されている現状です。が、物質の究極像の近傍に立ち会った現代の物理学者がみせる軽やかなスピリット――「チャーム」「ビューティ」などというクォークの分類はその一端にすぎませんが――は、かの『饗宴』にも似た香り高き脈絡の中でこそ語られるべきである、というのがその時の印象でした。『宴』の趣旨に快く賛同した、クォーク時代の若き俊秀デヴィッド・ポリツァー博士の参加を得たのもまことに幸運でした。クォーク前史からその後にわたって、重要な展開の場面にいく度となく立ち会ってきたベテラン科学者南部陽一郎とのやりとりで、「東洋と西洋」の問題をも巻き込みつつ、軽妙な共振界を工作舎「土星の間」にくりひろげることになったのです。

「ミクロの真理の狩人＝南部陽一郎」に接して、まず圧倒されるのは「あくことなく未知の領域へ挑みつづけなければならない」というその気迫でしょう。これによってのみ科学の前進が可能なのだとする姿勢には「長距離ランナーの孤独」と「アメリカン・カウボーイの磊落」が背中合わせになっているようです。また、挑みつづけなければならないだけに、それを担う存在としての科学者を、その思考の現場において注視すべきである、という前提が貫かれているのでしょう。『宴』を思いいたたせたのは、そんな信号

の受信によっていました。

『宴』の原型は、すでに二十五年前、南部氏が三十一歳の若さで執筆した「新々科学対話」（工作舎刊『日本の科学精神2——自然に論理を読む』に再所収）にありました。ガリレイの『新科学対話』を型どったこのフィクショナル・エッセイは、新進、ベテランの科学者二人がくりひろげる思考実験風の対話篇です。ここに示されたアクティヴな科学観、科学者観、それらを表出していく姿勢は、『宴』においても存分に味わっていただけるものと確信しています。

「クォーク」は、ゲルマンがジョイスの『フィネガンズ・ウェイク』に出てくるカモメの鳴き声からヒントを得た名だとされています。原稿の最終校閲のために、湯川・朝永時代の日本物理学史をテーマとする日米合同研究の会合で来日中の南部氏を京都に訪ねた折、少しばかり出来すぎた夢を見ました。夢うつつに聞こえてきた早朝の鳥の無機的な鳴き声のせいでしょう、夢の中で「クォークは物質界のきしみだ」という直観がひらめいたのでした。「南部陽一郎はこの物質界のきしみに似たものを聞いてしまったにちがいない」——物質の究極像へと向かわせるこの不可思議な「素粒子」には、そんな魅力《チャーム》があるようです。南部、ポリツァー両物理学者の巧みな話術とユーモアによって、われわれもお茶を飲みながらの軽やかなクォーク談義が楽しめるようになったことをここに感謝します。

（内田美恵記）

対話者・参会者の肩書きは初版刊行時（一九七九年七月）のものです。

素粒子の宴

発行日――一九七九年七月二五日初版発行　二〇〇八年一一月一五日新装版発行
対話者――南部陽一郎＋H・D・ポリツァー
編集・翻訳――内田美恵＋幾島幸子＋木幡和枝
エディトリアルデザイン――海野幸裕＋吉川正之＋宮城安総＋小沼宏之
テープ原稿再生――森本真由美＋横大路美恵＋宮崎智恵美
印刷・製本――株式会社新栄堂
発行者――十川治江
発行――工作舎　editorial corporation for human becoming
〒104-0052 東京都中央区月島 1-14-7-4F
phone:03-3533-7051　fax:03-3533-7054
URL　:http://www.kousakusha.co.jp
e-mail:saturn@kousakusha.co.jp
ISBN978-4-87502-415-6

精神と物質

◆エルヴィン・シュレーディンガー　中村量空＝訳

人間の意識と進化、そして人間の科学的世界像について、独自の考察を深めた現代物理学の泰斗シュレーディンガーの講演録。『生命とは何か』と並ぶ珠玉の名品。

●四六判上製●176頁●定価＝本体1900円＋税

自然とギリシャ人

◆エルヴィン・シュレーディンガー　河辺六男＝訳

現代物理学の誤りは、ギリシャ哲学の時代から始まっていた！　原子の究極の姿をめぐり混迷する素粒子物理学の機械論的思考の背景を、波動力学の父が考察する20世紀の名篇。

●四六判上製●184頁●定価＝本体1900円＋税

断片と全体

◆デヴィッド・ボーム　村上陽一郎＝解題　佐野正博＝訳

ニューエイジ・サイエンスの哲学的支柱ボームが、現代のさまざまな危機的状況の元凶を思考－言語のうちに見出し、全体性を復権させるための新言語様式「レオモード」を提唱。

●四六判上製●216頁●定価＝本体1900円＋税

タオ自然学　増補改訂版

◆フリッチョフ・カプラ　吉福伸逸＋田中三彦＋島田裕巳ほか＝訳

宇宙をあらゆる事象が相互に関連しあう織物にたとえ、物理学と神秘主義、東洋と西洋の自然観を結ぶ壮大な試み。世界18か国で訳され、ニューエイジ・サイエンスの口火を切った名著。

●A5変型上製●386頁●定価＝本体2200円＋税

ガイアの素顔

◆フリーマン・ダイソン　幾島幸子＝訳

20世紀を代表する物理学者が、オッペンハイマー、ファインマンら知の巨人たちとの交流や、理想の科学教育、宇宙探査の未来など科学の役割・人類の行方を語ったエッセイ集。

●四六判上製●384頁●定価＝本体2500円＋税

自然学曼陀羅　新装版

◆松岡正剛

物理学とインド哲学、定常宇宙論と空海の密教、生物学と神秘学、現代美術とタオイズム…専門性・分業性の閉塞状況を破る全自然学論考。情報文化論を展開する著者の処女作。

●四六判上製●280頁●定価＝本体1800円＋税